Uni-Taschenbücher 405

T0234344

UTB

Eine Arbeitsgemeinschaft der Verlage

Birkhäuser Verlag Basel und Stuttgart
Wilhelm Fink Verlag München
Gustav Fischer Verlag Stuttgart
Francke Verlag München
Paul Haupt Verlag Bern und Stuttgart
Dr. Alfred Hüthig Verlag Heidelberg
J. C. B. Mohr (Paul Siebeck) Tübingen
Quelle & Meyer Heidelberg
Ernst Reinhardt Verlag München und Basel
F. K. Schattauer Verlag Stuttgart-New York
Ferdinand Schöningh Verlag Paderborn
Dr. Dietrich Steinkopff Verlag Darmstadt
Eugen Ulmer Verlag Stuttgart
Vandenhoeck & Ruprecht in Göttingen und Zürich
Verlag Dokumentation München—Pullach

Hans Gerhard Maier

Lebensmittelanalytik

Band 2:
Chromatographische Methoden
einschließlich Ionenaustausch

Mit 19 Abbildungen und 12 Tabellen

Springer-Verlag Berlin Heidelberg GmbH

Prof. Dr. phil. nat. *Hans Gerhard Maier*, geboren 1932 in Heilbronn, studierte Pharmazie an der Universität Freiburg i. Br. (Staatsexamen 1958), Chemie und Lebensmittelchemie an der Universität Frankfurt a. M. (Staatsexamen 1959, Diplom 1965). 1961 Promotion zum Dr. phil. nat. an der Universität Frankfurt a. M. 1961–1963 Industrietätigkeit. 1969 Habilitation für das Fach Lebensmittelchemie an der Universität Frankfurt a. M. 1972 Wissenschaftlicher Rat und Professor an der Universität Münster i. W. (Fachgebiet Lebensmittelchemie). Seit 1974 o. Prof. und Direktor des Instituts für Lebensmittelchemie der Technischen Universität Braunschweig.

Die Wiedergabe von Gebrauchsnamen, Handelsnamen, Warenbezeichnungen usw. in dieser Zeitschrift berechtigt auch ohne besondere Kennzeichnung nicht zu der Annahme, daß solche Namen im Sinne der Warenzeichen- und Markenschutz-Gesetzgebung als frei zu betrachten wären und daher von jedermann benutzt werden dürften.

ISBN 978-3-7985-0396-0   ISBN 978-3-642-85289-3 (eBook)
DOI 10.1007/978-3-642-85289-3

Gebunden bei der Großbuchbinderei Sigloch, Stuttgart

Vorwort

Der zweite Band der Reihe über Methoden der Lebensmittelanalytik schließt sich in Art und Zielsetzung an den ersten (optische
Methoden) an. So werden auch hier keine kompletten Arbeitsvor-
schriften zur Untersuchung von Lebensmitteln gebracht, sondern es
soll das Prinzip der in der Lebensmittelanalytik gebräuchlichen
wichtigsten chromatographischen Methoden an Hand von Prakti-
kumsversuchen deutlich gemacht und erläutert werden. Diese sind
nach den üblichen Arbeitstechniken (also nach dem mechanischen
Aufbau der Trennstrecke) geordnet. Im theoretischen Teil aber
werden sie zusammenfassend dargestellt, weil dies didaktisch sinnvoll erscheint und zur Straffung beiträgt. Die Elektrophorese,
welche in manchen Büchern zusammen mit der Chromatographie
abgehandelt wird, soll als elektrochemische Methode in einem späteren Band behandelt werden. Das Kapitel „Ionenaustausch" hingegen umfaßt auch nichtchromatographische Arbeitsweisen.

Die meisten der geschilderten Versuche entstammen einem Prak-
tikum im Institut für Lebensmittelchemie der Universität Frankfurt a. M. Herrn Professor Dr. Dr. *W. Diemair* bin ich für die För-
derung dieses Praktikums zu Dank verpflichtet, weitere Anregun-
gen verdanke ich Herrn Professor Dr. *L. Acker* und seinen Assistenten am Institut für Lebensmittelchemie der Universität Münster.
Besonders danke ich für die Ausarbeitung und Überprüfung der
Versuche Fräulein *Carola Balcke*, Frau *Ute Barthelmess*, Herrn
Dr. *Helger Buttle*, Frau *Regina Irtenkauf*, Herrn Dr. *Armin Pol-
ster*, Herrn Dr. *Helmut Rasmussen*, Frau *Friederike Schmidt*, Fräulein *Christa v. Stosch* und Frau *Freda-Carola Thies*.

Braunschweig, Herbst 1974   *H. G. Maier*

Inhalt

VIII

1. Chromatographie: Allgemeines

Die Chromatographie ist eine, überwiegend physikalische, Trennmethode, welche dadurch gekennzeichnet ist, daß die zu trennenden Komponenten (○ ●) zwischen zwei nicht mischbaren Phasen verteilt werden, von denen eine normalerweise fixiert ist (= stationäre Phase, s, vgl. Abb. 1), die andere sich durch diese hindurch (bzw. mikroskopisch oder molekular betrachtet, an dieser vorbei) bewegt (= mobile Phase, m, getönt). Die stationäre Phase kann eine Flüssigkeit sein und wird dann durch einen festen Träger T fixiert. Sie kann ein Festkörper sein; dann findet die Verteilung nur zwischen ihrer Oberfläche und der mobilen Phase statt. Bei der Gegenstromchromatographie bewegen sich die beiden Phasen unter inniger Berührung gegeneinander.

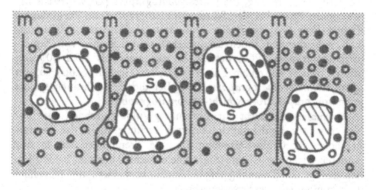

Abb. 1. Prinzip der Chromatographie.

Das Ganze nennt man ein „Chromatographisches System". Man kann die verschiedenen chromatographischen Systeme einteilen nach dem mechanischen Aufbau der Trennstrecke, der Art der Phasen und der Art der Verteilung.

1.1. Einteilungsprinzipien

1.1.1. Einteilung nach dem mechanischen Aufbau der Trennstrecke

Die besten Trennungen werden erzielt in

a) Rohren, welche mit der stationären Phase gefüllt (gepackte Trennsäulen) oder mit dieser ausgekleidet sind (Kapillarsäulen). In Spezialfällen kann das Rohrmaterial selbst (bei Kapillarsäulen) die stationäre Phase darstellen.
b) Schichten, welche aus der stationären Phase bestehen.

Im Fall a) spricht man von *Säulenchromatographie* (im weiteren Sinn), im Fall b) von *Schichtchromatographie*. Ist bei der Säulenchromatographie die mobile Phase flüssig, so liegt die klassische *Säulenchromatographie (im engen Sinn; Abkürzung: SC)* vor; ist sie gasförmig, die *Gaschromatographie (GC)*. Besteht die stationäre Phase bei der Schichtchromatographie aus saugfähigem Papier oder Glasfaserpapier (evtl. mit eingelagerten Substanzen, z. B. Adsorbentien, Ionenaustauschern), so spricht man von *Papierchromatographie (PC)*, besteht sie aus einer bis etwa 300 μm dicken Schicht auf einem Träger (Glas, Metall, Kunststoff), so von *Dünnschichtchromatographie (DC)*. Bei dickeren Schichten spricht man von *präparativer Schicht-Chromatographie*.

Normalerweise nicht zur Chromatographie gerechnet, aber mit ihr verwandt, ist die multiplikative Verteilung, die in der Spezialmethode der Craig-Verteilung ähnliche Trennungen wie in den anderen Arten der Chromatographie erreicht. Hier sind beide Phasen flüssig. Die Trennung erfolgt durch oft wiederholtes Ausschütteln in modifizierten Scheidetrichtern.

1.1.2. Einteilung nach Art der Phasen

Praktisch kommen nur 4 Arten in Frage:

1.) stationäre Phase (s): flüssig (meist auf einem festen Träger; Ausnahme: Craig-Verteilung)
mobile Phase (m): flüssig
deutscher Name (d): Flüssigkeit-Flüssigkeit-Chromatographie
englischer Name (e): liquid-liquid chromatography
Abkürzung (A): LLC

2.) s: flüssig
   m: gasförmig
   d: Flüssigkeit-Gas-Chromatographie
   e: gas-liquid chromatography
   A: GLC

3.) s: fest
   m: gasförmig
   d: Festkörper-Gas-Chromatographie
   e: gas-solid chromatography
   A: GSC

4.) s: fest
   m: flüssig
   d: Festkörper-Flüssigkeit-Chromatographie
   e: liquid-solid chromatography
   A: LSC

1.1.3. Einteilung nach der Art der Verteilung

Weil bei der LLC und GLC die zu trennenden Komponenten sich in beiden Phasen verteilen können, spricht man hier auch von *Verteilungschromatographie*. Bei der GSC und LSC tritt keine Verteilung innerhalb der stationären Phase, sondern eine Adsorption an ihr ein, deshalb spricht man von *Adsorptionschromatographie*.

Die *Molekularsiebchromatographie* und die *Gelchromatographie* (= Geldurchdringungschromatographie, *Gel-C*) stellen Spezialformen der Verteilungschromatographie dar. Die stationäre Phase besteht hier im ersten Fall aus porösen anorganischen Festkörpern, deren Poren mit einem Teil der mobilen Phase gefüllt sein können. Die zu trennenden Komponenten werden nun zwischen der freien mobilen Phase und den Poren verteilt. Große Moleküle können darin gar nicht eindringen, verbleiben in der freien mobilen Phase und verlassen das chromatographische System als erste. Kleinere Moleküle dringen ein, und zwar die kleinsten am weitesten, so daß sie infolge des langen Weges am besten zurückgehalten werden. Der Gelchromatographie liegt dasselbe Prinzip zugrunde. Hier besteht der feste Teil der stationären Phase (die Matrix) aus organischen Substanzen, welche in der mobilen Phase quellen. Es bildet sich ein Gel, dessen flüssiger Anteil die eigentliche stationäre Phase darstellt (wobei diese sich ständig mit der mobilen mischen kann!).

Die *Ionenaustauschchromatographie* (*IAC*) ist der Adsorptionschromatographie verwandt. Die stationäre Phase besteht aus einem Gerüst (Matrix), welches demjenigen bei der Molekularsieb- oder Gelchromatographie entspricht, und darauf verankerten ionisierbaren funktionellen Gruppen (Ankergruppen). Der nicht abspaltbare Teil einer solchen Gruppe heißt *Festion*, der als Ion abspaltbare *Gegenion*. Dieses Gegenion kann gegen ein anderes ausgetauscht werden, was keinen großen Energieaufwand benötigt (Ionenaustausch). Da unterschiedliche Ionen unterschiedlich gut von den Festionen gebunden werden, ist eine Chromatographie möglich.

In der Praxis treten die verschiedenen Arten der Chromatographie nebeneinander auf. So kann neben der Verteilung in 2 flüssigen Phasen auch Adsorption am festen Träger stattfinden, neben dem Ionenaustausch auch Gel- oder Molekularsiebchromatographie und außerdem noch Adsorption an der Matrix.

Neuerdings faßt man gerne sowohl die Absorption in einer Flüssigkeit als auch die Adsorption an einem Festkörper unter dem Oberbegriff „Sorption" zusammen und spricht dann in jedem Fall von einer Verteilung der zu trennenden Komponenten. Es ergibt sich dann folgendes Schema der molekularen Wechselwirkungen:

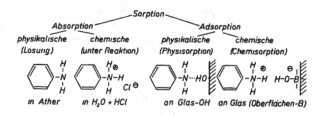

Als Beispiele sind unter den einzelnen Sorptionsarten die Bindungszustände eines Anilinmoleküls bei der Sorption in Äther, in wäßriger Salzsäure, an den Hydroxylgruppen und an den Boratomen der Oberfläche von Borsilikatglas dargestellt.

Die stationäre Phase heißt auch *Sorbens*, die zu sorbierende Substanz vor der Sorption *Sorptiv*, während der Sorption *Sorpt*, der Komplex Sorbens + Sorpt heißt *Sorbat*. Bei Vorliegen von Adsorption wird jeweils die Vorsilbe Ad- vorangestellt. Bei kinetischer Betrachtung bezeichnet das Wort *Adsorption* immer den Vorgang des Sorbiertwerdens, *Desorption* den Vorgang des Abgelöstwerdens.

Die Verteilung eines Sorptivs zwischen stationärer und mobiler Phase läßt sich durch die *Verteilungsisotherme* beschreiben. Hierzu wird auf der Ordinate die Konzentration in oder an der stationären Phase (C_s, auch bei Adsorption bezogen auf das Gesamtgewicht der stationären Phase), auf der Abszisse diejenige in der mobilen Phase aufgetragen. Man findet in chromatographischen Systemen folgende Typen (C_m = Konzentration in der mobilen Phase; vgl. Abb. 2).

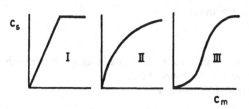

Abb. 2. Verteilungsisothermen.

Typ I (lineare Isotherme) ist der normale bei Flüssigkeit-Flüssigkeit-Chromatographie (Gültigkeit des *Nernst*'schen Verteilungssatzes) und bei Flüssigkeit-Gas-Chromatographie (Gültigkeit des *Henry*'schen Gesetzes). Auch beim Ionenaustausch findet er sich (mit sehr steilem Anstieg). Man spricht in diesen Fällen von *linearer Chromatographie*.

Typ II findet sich häufig, Typ III selten bei der Adsorptionschromatographie (*nichtlineare Chromatographie*, da Isotherme nicht linear). Bei großem Anteil von Chemisorption (welche in chromatographischen Systemen unerwünscht ist) mündet die Isotherme des Typs II in die Ordinate oberhalb des Nullpunkts.

1.2. Allgemeines Schema der Arbeitsgänge

Bei jeder Trennung durch Chromatographie müssen einige im Prinzip ähnliche praktische Arbeiten ausgeführt werden. Sie sind im folgenden skizziert (einzelne, z. B. die quantitative Bestimmung, können im Einzelfall fehlen).

Vorbereitung

1) Herstellen der stationären Phase und ihres Aufbaus (Sorbens, Trennsäule, Trennschicht)
2) Herstellen der mobilen Phase (Fließmittel, Trägergas)
3) Aufbringen der zu trennenden Komponenten
4) Einstellen der äußeren Parameter (Temperatur, Druck, Zusammensetzung der Luft im Chromatographiegefäß)

Chromatographischer Vorgang

(Entwickeln, Chromatographieren)

Auswertung

1) Detektion der getrennten Komponenten (Sichtbarmachen)
2) Identifizierung, Dokumentation
3) quantitative Bestimmung

Im folgenden sollen diese Arbeitsgänge in der angegebenen Reihenfolge genau beschrieben werden.

1.2.1. Vorbereitung

1.2.1.1. Stationäre Phase

a) Feste stationäre Phasen

Allgemeines: In der GSC und LSC können zahlreiche Sorbentien verwendet werden. Sie könnten eingeteilt werden nach ihrer Fähigkeit, die zu trennenden Komponenten mehr oder weniger stark (Sorptionsenergie) oder in mehr oder weniger großer Menge (sorbierte Menge) zu sorbieren. Beide Begriffe faßt man als „Aktivität" zusammen. Da die sorbierte Menge (und auch etwas die Sorptionsenergie) bei ein und demselben Sorbens sich mit der spezifischen Oberfläche und der Belegung durch Fremdmoleküle (z. B. Wasser) ändert, läßt sich keine genaue Reihenfolge aufstellen, weil je nach diesen Bedingungen Überschneidungen auftreten. Es soll trotzdem versucht werden, die in der Lebensmittelanalytik am meisten verwendeten anorganischen Substanzen ungefähr nach der „Aktivität unter gebräuchlichen Bedingungen" aufzuführen, beginnend mit den aktivsten, welche infolge der starken Wechselwirkungen mit den zu trennenden Komponenten zwar sehr wirksam sind, aber auch am häufigsten zu Nebenwirkungen Veranlassung geben können.

Zur Charakterisierung der Aktivität anorganischer Sorbentien wird der Wassergehalt einerseits (s. unter Aluminiumoxid) und die spezifische Oberfläche (= innere + äußere Oberfläche) andererseits verwendet. „Superaktive" Sorbentien haben eine besonders große spezifische Oberfläche.

Für die einzelnen Techniken der Chromatographie müssen meist unterschiedliche Korngrößen und Korngrößenverteilungen vorliegen. In der SC und GC verwendet man relativ große Körner, in der DC feinere (welche Säulen verstopfen würden) und auch Zusätze von Gips oder Stärke zwecks besserer Haftfähigkeit auf der Platte. Für die Hochdruck-SC wurden spezielle Sorbentien entwickelt, welche bezüglich mittlerer Korngröße, Korngrößenverteilung, Porendurchmesser und spezifischer Oberfläche standardisiert sind oder auch aus inerten Kügelchen mit dünner sorptionsaktiver Oberflächenschicht bestehen. Oft werden die Handelspräparate mit Zusatzbezeichnungen versehen, welche oft (nicht immer!) bedeuten:

G = Gipszusatz (5–15 %), nur für DC (verstopft Säulen)
DC = besonders fein für DC
H = besonders haftfähig für DC
P = besonders haftfähig für präparative Schicht-Chromatographie
F = Zusatz von Fluoreszenzindikatoren (um Substanzen durch Fluoreszenzminderung sichtbar zu machen). Oft verwendet werden mit Mn aktiviertes Zinksilikat, ZnS, Cyaninfarbstoffe.
R = besonders rein.

Kohle ist als Sorbens normalerweise zu aktiv. Als Ionenaustauscher werden aber mit Schwefelsäure, KOH oder NH_3 behandelte natürliche oder synthetische Kohlepräparate verwendet, wenn gleichzeitig eine irreversible Sorption von Farbstoffen erfolgen soll (Zuckerindustrie).

Magnesiumsilicat wird relativ selten zur Trennung von Anthrachinonen, Flavonen, acetylierten Zuckern, Steroiden und Pesticiden verwendet. Einfache Zucker können zersetzt werden. Man verwendet entweder das natürliche Mineral oder ein synthetisches Präparat (Florisil®), welches aus Lösungen von Magnesiumsulfat und Natriumsilicat ausfällt und bei rund 675° C calciniert wird. Das letztere zeichnet sich durch große Oberfläche infolge der Porosität aus.

Aluminiumoxid wird aus Natriumaluminatlösung über das Hydroxid hergestellt (vgl. Lehrbücher der Anorg. Chemie). Beim Ausfällen des $Al(OH)_3$ in Gegenwart von CO_2 wird etwas $NaHCO_3$ adsorbiert, welches beim anschließenden Glühen auf beinahe 1 000 °C einige Natriumaluminatzentren bildet, so daß die Oberfläche des so hergestellten Aluminiumoxids negative $O^{(-)}$-Ladungen enthält *(basisches Aluminiumoxid)* und als Kationenaustauscher wirkt ($Na^{(+)}$ kann ausgetauscht werden). Behandelt man dieses Aluminiumoxid mit starker Salzsäure, so findet an diesen Zentren folgende Reaktion statt:

$$Al-O^{\ominus} \ Na^{\oplus} + 2HCl \longrightarrow Al^{\oplus} \ Cl^{\ominus} + NaCl + H_2O$$

Die Oberfläche besitzt jetzt positive Ladungen *(saures Aluminiumoxid)* und wirkt als Anionenaustauscher. Wird hingegen das $NaHCO_3$ vor dem Glühen durch Säure entfernt, so erhält man das *neutrale Aluminiumoxid*.

Die Ionenaustauschwirkung von basischem und saurem Aluminiumoxid kann sich nur in Gegenwart von Wasser entfalten. Aus wasserfreien Medien sorbieren alle 3 Arten gleich gut über die –O– und die –OH-Gruppen. Bei höherer Temperatur tritt auch Chemisorption am Al ein. Da oft etwas Wasser anwesend ist, sollte basisches Aluminiumoxid nicht zur Chromatographie von Säuren, saures nicht für Basen verwendet werden, weil der Ionenaustausch unter den Bedingungen der Chromatographie meistens irreversibel ist. Gelegentlich kann er erwünscht sein. Aus wäßrigen Lösungen sorbiert neutrales Aluminiumoxid fast nicht.

Die Aluminiumoxide werden zur Trennung zahlreicher Substanzen benutzt. Bei höheren Temperaturen (GC) oder bei großer Aktivität können chemische Reaktionen (Verseifung, Aldolkondensation, Crackung, Polymerisation, Eliminierung, und, bei Anwesenheit von Fe^{3+}- und Cu^{2+}-Spuren, Oxidationen) eintreten. Um die

8

Aktivität genau einzustellen, werden nach *H. Brockmann* und *H. Schodder* der wasserfreien Probe definierte Mengen an Wasser zugesetzt. Man kann so folgende Aktivitätsstufen unterscheiden:

Aktivitätsstufe	% Wasserzusatz
I	0
II	3
III	6
IV	10
V	15

Die analytische Ermittlung der Aktivitätsstufe einer Probe erfolgt am besten durch Bestimmung des Wassergehalts nach *K. Fischer.*

Kieselgel (Silicagel) dürfte das am meisten gebrauchte anorganische Sorbens sein. Es wird durch Ansäuern von Alkalisilicatlösungen und Erhitzen der kettenförmigen Kieselsäure auf unter 200 °C erhalten, wobei sich vorwiegend eine Blattstruktur ausbildet. Die Sorption erfolgt spezifisch über Wasserstoffbrücken an den Silanolgruppen (–OH), unspezifisch durch *Van der Waals*'sche Kräfte am Sauerstoff der Siloxangruppen (Si-O-Si). Durch stärkeres Erhitzen werden immer mehr Silanolgruppen in Siloxangruppen übergeführt, indem sich eine Raumnetzstruktur ausbildet: das Gel wird immer inaktiver. Je nach diesen Bedingungen ist die Herstellung sehr unterschiedlicher Arten von Kieselgel möglich. Verwendung findet es für zahlreiche Substanzklassen. Zu stark sorbiert werden basische Stoffe, weil die Silanolgruppen schwach sauer sind, und sehr hydrophile. Mit sehr viel Wasser entaktiviertes Silicagel eignet sich zur Verteilungschromatographie (Fettsäuren, Dinitrophenylhydrazone).

Zeolithe (allgemeine Formel $Me_{2/n}O.Al_2O_3.SiO_2.yH_2O$; Me = K, Na, Ca u. ä.) werden als Kationenaustauscher und als Molekularsiebe zur Trennung von Gasen (N_2, O_2, CO, CO_2) verwendet. Sie werden auch künstlich hergestellt. Ihre honigwabenähnliche Raumnetzstruktur mit Zwischenräumen bewirkt, daß die äußere Oberfläche nur rund 1 % der gesamten beträgt. Außerhalb der Chromatographie finden sie zum Entfernen von Wasser aus Gasen und Flüssigkeiten Verwendung.

Kieselgur besteht aus den fossilen Panzern von Diatomeen und stellt chemisch amorphe Kieselsäure mit 3–12 % Wassergehalt dar. Es wird von Schwermetallspuren durch Behandeln mit Salzsäure und von organischen Bestandteilen durch Glühen befreit. Da es ziemlich inaktiv und neutral ist, eignet es sich gut für die Verteilungschromatographie (DC, GC). Im Handel ist es u. a. unter dem Namen *CELITE*®.

Silbernitrat wird für Spezialzwecke, meist im Gemisch mit anderen Sorbentien, verwendet, um ungesättigte Verbindungen (Aromaten, Olefine, ungesättigte Fettsäuren) infolge Bildung von π-Komplexen zu sorbieren.

Cellulose wird für PC, DC und SC verwendet. Im ersten Fall nimmt man „Linters", feine, kurze, gerade Haare am Baumwollsamen, welche gereinigt und gebleicht werden, in den beiden letzten findet auch Holz-α-Cellulose Verwendung. Da sich die Trennsubstanzen an Fasern entlang ausbreiten, benützt man für die DC feinkörnige Präparate. Ein besonders gleichmäßiges ist Avicel®, eine mikrokristalline Cellulose, welche durch Entfernen der ungeordneten Bereiche von Cellulose mittels Säurehydrolyse gewonnen wird. Cellulose enthält lufttrocken 6–7 % H_2O und nimmt bei weiterer Dampfsättigung bis etwa 20 % auf (Papier nach Tränken bis 200 %). An diesem Wasser findet Verteilungschromatographie statt, möglicherweise aber auch zusätzlich Adsorption an der Cellulose selbst und Ionenaustausch an den in geringer Menge vorhandenen, durch Lagerung (insbesondere in feuchter Atmosphäre und am Licht) entstandenen Oxycellulosen, welche COOH-Gruppen enthalten.

Zur Trennung unpolarer Stoffe wird Cellulose „hydrophobiert". Dies kann erfolgen durch Acetylieren (Acetylcellulose) oder Siliconisieren. Synthetisch (durch NO_2-Einwirkung) erzeugte Oxycellulose, Carboxymethylcellulose (aus Alkalicellulose + Monochloressigsäure) und vor allem Diäthylaminoäthyl-(DEAE-)Cellulose dienen als Ionenaustauscher zur Trennung von Proteinen, Enzymen und Nucleinsäuren.

Polyamid nimmt eine Sonderstellung unter den Sorbentien ein, weil es spezifisch Phenole (Flavonoide, Anthrachinone, Gerbstoffe), Enole (Ascorbinsäure), Nitroverbindungen, Dicarbonsäuren, aromatische Carbonsäuren und saure synthetische Farbstoffe bindet. Dies erfolgt im Falle der Phenole über Wasserstoffbrücken:

10

stationäre Phase   mobile Phase

Die Desorption erfolgt in alkalischem Milieu oder durch Lösungsmittel, welche selbst stark Wasserstoffbrücken ausbilden können (Methanol). Die Sorptionskapazität läßt sich durch Auflösen in Ameisensäure und Ausfällen mit Wasser vergrößern, weil dann mehr $C = O$-Gruppen freigesetzt werden.

Seltener verwendet werden:

Polyvinylpyrrolidon (für Anthocyane), Polyäthylen (für fettlösliche Vitamine).

Sephadex® ist ein Dextrangel. Zu seiner Herstellung wird aus Saccharose mikrobiologisch ein lösliches α-1,6-Glucan hergestellt (M. G. rund 1 Million). Dieses wird mit Epichlorhydrin oder ähnlichen Agentien quervernetzt, wobei es unlöslich wird. Es eignet sich zur Gel-C zahlreicher Substanzen in wäßrigen oder stark hydrophilen Lösungsmitteln. Je nach dem Ausmaß der Vernetzung unterscheidet man verschiedene Typen. Jeder Typ eignet sich zur Trennung von Substanzen aus einem bestimmten Molekulargewichtsbereich. In der folgenden Tabelle sind die extremen Typen charakterisiert:

Tab. 1

Sephadex-Typ	G-10	G-200
Vernetzung	groß	klein
Fraktionierungsbereich für Moleküle mit M. G.	bis 700	bis 200 000
Quellung in Wasser	klein	groß
Quelldauer (20° C)	3 Std.	3 Tage

Die Bezeichnung „fine" weist auf hohe Trennschärfe, „super-fine" auf Eignung für die DC, „coarse" auf sehr schnelle Strömungsgeschwindigkeit (geringe Trennschärfe) hin. Durch Einführung von Diäthylaminoäthyl- oder Carboxymethylgruppen werden Sephadex-Anionen- oder Kationenaustauscher erhalten (Verwendung zur Trennung von Proteinen, Peptiden, Polysacchariden). Acylierung oder Alkylierung der OH-Gruppen führt zu lipophilen Sephadex-Typen (z. B. Sephadex LH20). Sie quellen in Wasser und organischen Lösungsmitteln und eignen sich zur Gel-C von Lipiden.

Ähnliche Verwendung wie Sephadex finden für wäßrige mobile Phasen Polyacrylamidgele, Agarosegele, Cellulosegele (in welchem nach Auflösen und Wiederausfällen die Cellulose nur noch ungeordnete Bereiche enthält) und poröse Glasperlen. Für organische mobile Phasen werden Gele aus Acrylsäurederivaten und aus Polyvinylacetat verwendet.

Nach Umsetzung von Dextran- oder Agarose-Gelen mit CNBr können Proteine oder andere Substanzen an das Gel gebunden werden. Bindet man einen Partner eines Komplexes (z. B. Antigen, Enzymsubstrat, Trypsin), so läßt sich der andere (z. B. Antikörper, Enzym, Trypsininhibitor) leicht isolieren, indem man seine Lösung durch das Gel schickt. Dies nennt man *Affinitätschromatographie*.

Polystyrol, mit Divinylbenzol vernetzt, wird auch für diesen Zweck verwendet. Noch größer ist seine Bedeutung als Matrix für die am meisten verwendeten organischen Ionenaustauscher. Durch Behandlung mit Schwefelsäure erhält man Kationenaustauscher (mit dem Festion-$SO_3^{(-)}$), durch Chlormethylierung und Umsetzung mit Ammoniak oder Aminen Anionenaustauscher (mit den Festionen $-NH_3^{(+)}$, $-N(CH_3)_3^{(+)}$ und $-N(CH_3)_2(C_2H_4OH)^{(+)}$). Andere Arten von Ionenaustauschern werden aus vernetzter

Methacrylsäure (Festion –COO$^{(-)}$), durch Phenol-Formaldehyd-(Festion phenolisches –O$^{(-)}$) oder m-Phenylendiamin-Formaldehyd-Polykondensation (–NH$_3^{(+)}$) erzeugt. *Isopore* Ionenaustauscher haben eine sehr gleichmäßige Struktur, lassen größere Moleküle nicht eindringen und werden so wenig verschmutzt. *Makroretikulare* (= Popkorn-, = Hochleistungs-)Ionenaustauscher haben eine makroporöse Matrixstruktur. Sie eignen sich zum Ionenaustausch von Proteinen und geladenen Polysacchariden (ebenso wie Cellulose- und Sephadex-Austauscher) und vor allem als Katalysatoren.

b) Flüssige stationäre Phase

Allgemeines. Oft bildet sich in Berührung mit einer geeigneten mobilen Phase (evtl. über dem Dampfraum bei der DC und PC) oder bei Luftzutritt an den unter a) erwähnten Festkörpern von selbst eine flüssige stationäre Phase, welche zur Verteilungschromatographie geeignet ist. Dies gilt vor allem für Wasser und andere polare Flüssigkeiten (z. B. Alkohole und Säuren bei der DC).

Speziell auf den Träger aufgebracht werden müssen hydrophobe Substanzen (z. B. Kohlenwasserstoffe auf Cellulose für PC und DC: „Chromatographie mit umgekehrten Phasen", Trennung von Dinitrophenylhydrazonen) und alle solche, welche für die GC Verwendung finden. Man löst diese Substanzen in einem niedrigsiedenden Lösungsmittel, mischt mit dem Träger und verdampft unter gelegentlichem (vor allem zum Schluß!) Umrühren das Lösungsmittel. Papiere tränkt man und läßt abtropfen bzw. „trocknen". Ist der Träger die Innenwand einer Kapillarsäule, so wird ein „Propfen" der flüssigen stationären Phase am Anfang eingebracht und langsam gegen das Ende zu durchgeblasen. Dies erfordert viel Erfahrung. Als Träger in „gepackten Säulen" bei der GC werden verwendet: Kieselgur (Chromosorb®), Kieselgur-Tongemenge (Sterchamol®), gebrannter Ton (Schamottemehl), Teflon, Glaskügelchen. Manchmal ist es notwendig, den Träger, der ja immer noch aktive Stellen enthält, zu desaktivieren. Basische oder saure Gruppen werden mit Säuren oder Basen desaktiviert, OH-Gruppen durch Trimethylsilylieren (z. B. mit Trimethylsilylchlorid).

Als stationäre Phasen können alle Flüssigkeiten verwendet werden, welche einen festen Film auf dem Träger bilden, bei der Arbeitstemperatur nur so wenig flüchtig sind, daß sie vom Detektor nicht angezeigt werden (nicht „bluten") und keine chemischen Reaktionen mit dem Trägergas und den zu trennenden Komponenten eingehen. Verwendet werden zahlreiche Substanzen. Sie können bei Zimmertemperatur fest sein (Polypropylenglykol) und erst bei der Arbeitstemperatur flüssig. Normalerweise nimmt man zur Trennung apolarer Substanzen Kohlenwasserstoffe (Squalan = 2,6,10, 15,19,23-Hexamethyltetracosan), Paraffine, Apiezonfette (polymere Methylphenyläther + Kohlenwasserstoffe) oder Siliconöl. Die zu trennenden Komponenten werden daran nach ihren Siedepunkten aufgetrennt. Für zahlreiche Substanzklassen eignen sich Ester (Weichmacher), z. B. Dioctylphthalat, Diäthylhexylsebacinat, Polydiäthylenglykolsuccinat, für polare Substanzen Polyglykole (Polyäthylenglykol, Carbowax®, Polypropylenglykol) und Glycerin. Dies sind nur wenige Beispiele. An den letzteren werden die zu trennenden Komponenten nicht nach den Siedepunkten, sondern entsprechend ihrer Polarität aufgetrennt. Für die Hochtemperatur-GC sind besonders gut geeignet Dexsil 300 GC (Polycarboransiloxan: abwechselnd Carboran-Ringe und 3 Dimethylsiloxan-Gruppen) und Polyphenylsiloxane.

c) Aufbau einer Trennsäule

Für die GC wird die stationäre Phase (+ Träger) trocken in die Säule eingefüllt. Gelingt es nicht, nach Aufsetzen eines Trichters die Substanz unter laufendem Klopfen, Vibrieren oder Rütteln gleichmäßig einzufüllen, so wird auf das gegenüberliegende Ende ein Vakuumschlauch mit eingeschobenem Wattebausch, welcher mit einer Sicherheitsnadel fixiert ist, gesetzt. Nach Anlegen eines Vakuums wird die Substanz in die Säule gesaugt. Auch hierbei ist zu klopfen, damit die Füllung gleichmäßig wird. Den Abschluß bilden auf beiden Seiten Pfropfen aus Glaswolle oder Metallsinterplatten. Für die SC wird trocken oder in Suspension eingefüllt, wobei verschiedene Arten von Glasröhren Verwendung finden (Büretten mit geradem Auslauf, Rohre mit Glasfilterplatten (auf welche ein Filtrierpapier gelegt werden sollte), zerlegbare Spezialrohre usw.). Den unteren Abschluß bildet, wenn keine Spezialvorrichtung vorhanden ist, ein Bausch aus Watte oder besser Glaswolle und darüber, bei feinkörniger oder gelartiger stationärer Phase, eine Schicht mit Quarzsand. Das Verhältnis von Durchmesser der Füllung : Höhe der Füllung soll *mindestens* 1:10 betragen. Je kleiner dieses Verhältnis, um so gleichmäßiger ist die

Packung, um so schärfer die Trennung und um so länger dauert sie, weil die Fließgeschwindigkeit der mobilen Phase gering ist. Durch Einfüllen in mehreren Anteilen, Klopfen und Rütteln ist dafür zu sorgen, daß eine gleichmäßige Füllung entsteht, denn sonst bilden sich später Risse und Kanäle, was ungünstig ist. Am sichersten kann eine gleichmäßige Säulenfüllung erzielt werden, wenn die stationäre Phase suspendiert (etwa in der mobilen Phase) wird und portionsweise eingegossen. Man läßt den Überschuß an Flüssigkeit unten abfließen, aber so langsam, daß zu jeder Zeit zugleich abgesetzte stationäre Phase, Suspension und (oben) klare Flüssigkeit in der Säule vorhanden sind. Besondere Beachtung ist zum Schluß der Oberfläche der Säulenfüllung zu schenken. Sie soll gerade sein und wird zum Schutz vor Beschädigung mit einer Glasfaserpapierscheibe bedeckt. Man läßt die Flüssigkeit nur soweit ab, daß die Scheibe noch feucht ist. Luft darf in die Packung nicht eindringen, sonst ist die Füllung zu wiederholen. Am peinlichsten sind diese Regeln bei der Gel-C zu beachten. Beim IA mit kugelförmigen Austauschern kann großzügiger verfahren werden. Sowohl bei der Gel-C als auch beim IA müssen aber die Festkörper in der mobilen Phase (bzw., bei wäßrigen Lösungen, in reinem Wasser) *vorgequollen* werden, und zwar bei unbekannter Quellzeit mindestens 24 Stunden. Findet die Quellung erst in der Säule statt, dann kann diese zerstört werden.

Gele und Ionenaustauscher können wiederholt benutzt werden. Die letzteren müssen hierzu regeneriert (d. h. in die Form mit dem gewünschten Gegenion überführt) werden. Fabrikneue Austauscher müssen gereinigt, länger nicht gebrauchte aktiviert werden. Die Reinigung erfolgt durch aufeinanderfolgendes Waschen mit, oder, auf der Säule, Durchlaufenlassen von 5%iger HCl (etwa 100 ml pro 10 g Austauscher), H_2O bis der Ablauf neutral reagiert, 5%iger NaOH, H_2O bis neutral, Methanol, H_2O. Zur *Aktivierung* werden Kationenaustauscher mit 5%iger HCl, Anionenaustauscher mit 5%iger NaOH behandelt und neutral gewaschen. Das *Regenerieren* erfolgt mit einem Überschuß des Gegenions (5%ige Lösung). Besser ist es, eine Aktivierung vorzuschalten.

d) Herstellung einer Trennschicht

Papiere werden fertig bezogen. Sie sollen dunkel, staubfrei und fern von Dämpfen gelagert werden. Es ist darauf zu achten, daß sie keine Knicke bekommen und nicht mit bloßen Fingern angefaßt werden (Aminosäureflecken). Sie haben eine bevorzugte Faser-richtung. Man erkennt diese durch Auftropfen eines Wassertropfens: er fließt elliptisch auseinander. Die spätere Chromatographie er-folgt meistens in Richtung des kleineren Durchmessers dieser Ellipse. Anzeichnungen dieser Richtung, diejenige der Größe des auszu-schneidenden Bogens usw. erfolgen mit Bleistift. Vor dem Auftra-gen der zu trennenden Komponenten werden die Auftragepunkte und die Bezeichnungen für die aufzutragenden Substanzen einge-zeichnet.

Dünnschichten werden normalerweise mit einem Streichgerät hergestellt. Die stationäre Phase oder der Träger für die spätere flüssige Phase werden normalerweise in Wasser suspendiert oder in einer wäßrigen Lösung, welche zusätzliche Festkörper enthält (Borsäure für die Chromatographie von Polyalkoholen, Puffer-substanzen). Es ist auch möglich, die Suspension (diesmal zweck-mäßiger in Äthanol, welches schneller verdunstet) einfach auf die Platte zu gießen und die Masse durch Hin- und Herneigen gleich-mäßig zu verteilen oder mit einem Glasstab glattzuziehen. Die so erhaltenen Schichten sind aber ungleichmäßig dick. Die besten Schichten liefert die Industrie mit den „Fertigplatten". Nachteil: relativ hoher Preis. Die Platten müssen zum Chromatographieren trocken sein. Durch Erhitzen wird die Aktivität gesteigert. Es ist aber zu bedenken, daß die Platten zwischen Aktivieren und Chro-matographieren oft an der Luft liegen. Schon nach wenigen Minu-ten nimmt die Platte dabei den der relativen Luftfeuchte entspre-chenden Wassergehalt an und das Aktivieren wird überflüssig. Die eigentliche stationäre Phase entsteht erst im Chromatographie-gefäß durch Sorption von Lösungsmitteldämpfen (und Wasser).

1.2.1.2. Mobile Phase

Die mobile Phase heißt bei der LLC und LSC auch *Fließmittel, Solvens* oder *Lösungsmittel*. Verwendung finden können hierzu praktisch alle Flüssigkeiten und auch darin gelöste Festkörper. Entsprechend ihrer Polarität lassen sich die Flüssigkeiten in einer „eluotropen Reihe" anordnen. Unpolare (z. B. Kohlenwasserstoffe) lösen bei der LSC erfahrungsgemäß sorbierte Substanzmoleküle von hydrophilen stationären Phasen (Aluminiumoxid, Silicagel) nicht so gut ab wie polare (z. B. Alkohole). Dies kommt daher, weil sie selbst nicht so gut sorbiert werden. Bei hydrophoben stationären Phasen (Aktivkohle) gilt eine umgekehrte eluotrope Reihe. Während bei der LLC die Verteilung der zu trennenden Komponenten zwischen den beiden Phasen auf Grund ihrer Löslichkeit einigermaßen vorherberechnet werden kann, mag, falls Vorschriften fehlen, zur Ermittlung des besten Systems bei der LSC ein von *Stahl* für die DC entwickeltes Dreiecks-Schema dienen (vgl. *Stahl* 1967, S. 200, *Stahl* 1970, S. 5). Demnach benötigt ein Gemisch von unpolaren, zu trennenden Substanzen eine sehr aktive stationäre Phase (Stufe I) und eine unpolare mobile Phase (z. B. Hexan), ein Gemisch von polaren Substanzen eine desaktivierte Phase (Stufe V) und eine polare mobile Phase (z. B. Methanol), dazwischen liegen die entsprechenden Zwischenwerte.

Für die mobile Phase wählt man möglichst ein reines Lösungsmittel. Falls sich keines der erforderlichen Polarität findet (was in chromatographischen Vorversuchen festzustellen ist), wendet man Gemische an. Gelegentlich ergeben sich beim Mischen zwei Phasen. Sie werden im Scheidetrichter getrennt. Normalerweise wird die organische als Fließmittel, die wäßrige zur Herstellung der Kammersättigung verwendet.

Beim IA gelten statt der eluotropen Reihe die Affinitätsreihen. Man eluiert ja normalerweise nicht mit Lösungsmitteln, sondern mit Ionen in wäßriger Lösung. Die Ablösung eines sorbierten Ions kann erfolgen durch Zugabe eines Überschusses irgendwelcher anderer Gegenionen. Schneller erfolgt die Ablösung aber durch Zugabe von solchen mit größerer Affinität zum Festion. Je nach Austauschertyp gelten andere Reihen (s. Literatur). Allgemein werden aber mehrwertige Ionen (infolge der elektrostatischen Kraft) bevorzugt sorbiert und solche, die im solvatisierten Zustand kleiner sind (weil sie besser in das Gel eindringen können, z. B. K besser als Na).

In der GC heißt die mobile Phase *Trägergas*. Sie muß sehr rein sein. Normalerweise wird sie aus Stahlflaschen entnommen und über Reduzierventile auf den gewünschten Säuleneingangsdruck gebracht. Beim Umgang mit explosiven Gasen (H_2, O_2) ist größte Vorsicht anzuwenden. Auch sonst müssen Undichtigkeiten frühzeitig entdeckt und abgestellt werden. Dies geschieht durch Kontrolle der Druckmesser in einem abgesperrten Teil der Apparatur über mehrere Stunden und durch Abpinseln der Rohrverbindungen mit Seifenlauge (ein Leck gibt sich durch Seifenblasen zu erkennen). Die Vor- und Nachteile der gebräuchlichsten Trägergase sind folgende:

Tab. 2

Trägergas	Vorteil	Nachteil
H_2	sehr empfindliche Anzeige bei Verwendung von WLD (Wärmeleitfähigkeitsdetektor)	brennbar; 4 mal so große Diffusion wie in N_2 (dadurch Verbreiterung der Peaks)
He	gute Anzeige beim WLD nicht brennbar	etwas größere Diffusion als in N_2; teuer
N_2	geringe Diffusion nicht brennbar	schlechte Anzeige beim WLD
H_2O (Dampf)	Verhindern von Schwänzen bei polaren Substanzen	Erzeugung erfordert umständliche Apparatur

1.2.1.3. Aufbringen der zu trennenden Komponenten

Die zu trennenden Komponenten werden normalerweise gelöst (oder, bei der GC, als Dampf) in das chromatographische System gebracht. Bei der SC löst man oft in der mobilen Phase und schließt dann gleich die Chromatographie an. Falls es sich nicht um die Frontmethode (s. u.) handelt, empfiehlt es sich, die zu trennenden Komponenten in möglichst wenig mobiler Phase zu lösen und diese langsam in den obersten Teil der Säulenfüllung einsikkern zu lassen. Auch den Rest an mobiler Phase gibt man anfangs sehr vorsichtig zu, um die Oberfläche der Füllung nicht zu beschädigen. Bei der SC in anfangs trockenen Säulen, der PC und DC werden die zu trennenden Komponenten in einem leicht verdampfbaren und möglichst unpolaren (sonst Ausbildung von ringförmigen Flecken) Lösungsmittel auftragen. Bei der Schichtchromatographie trägt man oft punktförmig auf. Der Durchmesser des Flecks soll idealerweise nicht größer als 0,3 mm sein, was oft nur durch gleichzeitiges Trocknen mit einem Föhn zu erreichen ist. Diese Art ist für manche quantitativen Verfahren vorzuziehen und auch dann, wenn viele Trennungen auf einer Schicht vorgenommen werden sollen. Für den qualitativen Nachweis überlegen ist aber das strichförmige Auftragen, besonders mit einem automatischen Gerät (z. B. „Autoliner"). Sonst benutzt man zum Auftragen Kapillaren oder Mikropipetten.

Bei der SC richtet sich die aufzutragende Menge vor allem nach der Menge an stationärer Phase. Bei der LLC (und Gel-C) soll das Mengenverhältnis zu trennendes Gemisch: stationäre Phase (einschließlich Träger) etwa 1:1000 bis 1:10 000 betragen, bei der LSC 1:100 bis 1:1000. Richtwerte für Ionenaustauscher sind: 10 ml gequollener Polystyrol-Kationenaustauscher binden ungefähr 20 Milliäquivalente Kationen, entsprechende Anionenaustauscher sind nur halb so gut wirksam. Bei der DC und PC richtet sich die aufzutragende Menge praktisch mehr nach Trennleistung und Nachweisgrenze. Deshalb ist sie bei den einzelnen Detektionsreagentien unterschiedlich. Man trägt normalerweise bei der DC auf 250 μm dicken Schichten 0,5–10 μg pro Fleck auf, bei der Papierchromatographie bis zu 10mal so viel.

Bei der GC wird die Probe entweder mittels einer Spritze in einen mit einer Gummimembran verschlossenen beheizbaren Block vor der Säule (oder besser an den Anfang derselben) eingespritzt oder über eine Gasprobenschleife eingegeben. Nichtflüchtige Substanzen werden durch Silylieren (Umsetzung von OH-, NH_2-, COOH-Gruppen mit Trimethylchlorsilan / Hexamethyldisilazan / Pyridin, N,O-Bis-(trimethylsilyl)-acetamid, N-Trimethylsilylimidazol o. ä., Bildung von Trimethylsilylderivaten), Verestern oder Umestern (Methylester von Fettsäuren) in flüchtige übergeführt oder durch ihre Pyrolyseprodukte identifiziert. Letzteres ist bei Polymeren gebräuchlich; ein Reaktor muß vor das Einlaßteil des Gaschromatographen geschaltet werden. Die Pyrolyse erfolgt durch schnelles Erhitzen, am besten durch Curie-Punkt-Erhitzung oder durch Laser-Strahlen. Findet die Veränderung einer Analysensubstanz im Gaschromatographen statt (z. B. Umsetzung von Organophosphor-Insektiziden mit Methanol im Einspritzblock), so spricht man von Reaktions-GC. Die aufgegebenen Mengen richten sich in der Praxis meist weniger nach der vorhandenen Menge an stationärer Phase, sondern nach der Empfindlichkeit des Detektors. Sind sie, z. B. in einer Luftprobe, zu gering, so werden sie vor dem Gaschromatographen in einer Kühlfalle oder Vorsäule konzentriert. Vorsäulen können auch zum Zurückhalten mancher Komponenten dienen (z. B. der höhersiedenden Fettsäureester bei der Buttersäurebestimmung nach *Hadorn/Zürcher*, vgl. *Fresenius* und *Salih* [1972]), oder zum Entfernen mancher Stoffklassen (gefüllt mit Borsäure bei Alkoholen, mit Dinitrophenylhydrazin bei Carbonylverbindungen usw.). Dies erleichtert die nachfolgende Analyse. Liegen nichtflüchtige neben flüchtigen Bestandteilen vor, wie in den meisten Lebensmitteln, so müssen die flüchtigen durch Destillation abgetrennt werden (sonst Verschmutzung des Gaschromatographen durch Pyrolyseprodukte). Beliebt ist auch die Analyse des Gasraums über einem Lebensmittel (Kopfraum- = Headspace-Methode).

1.2.2. Chromatographischer Vorgang und Einfluß äußerer Parameter

1.2.2.1. Allgemeine Methoden der chromatographischen Trennung

Sobald sich die mobile Phase bewegt und sich das Gleichgewicht der Verteilung von zu trennenden Komponenten zwischen stationärer und mobiler Phase immer wieder neu einstellt, kann man vom „chromatographischen Vorgang" sprechen.

Auch die mobile Phase wird an der stationären sorbiert. Dies fällt äußerlich nicht auf, weil die mobile Phase im Überschuß vorliegt. Je nach dem Verhältnis der Affinität von mobiler Phase und zu trennenden Komponenten zur stationären Phase kann man folgende allgemeine Methoden der chromatographischen Trennung unterscheiden:

a) *Elutionsmethode*

Sie ist die am häufigsten angewandte. Die mobile Phase wird schwächer sorbiert als die zu trennenden Komponenten und fließt – makroskopisch betrachtet – schneller als diese durch die Säule oder Schicht. Die zu trennenden Komponenten werden, unterschiedliche Verteilungsisothermen vorausgesetzt, während des chromatographischen Vorgangs voneinander getrennt; zwischen den Komponenten befindet sich zum Schluß jeweils reine mobile Phase.

Beispiel: Abb. 3 (die 4 Zeichnungen stellen den zeitlichen Verlauf dar; die stationäre Phase ist nicht gezeichnet).

Befinden sich die getrennten Substanzen noch in der Trennstrecke, so liegt ein *inneres Chromatogramm* vor (Auswertung in DC, PC, manchmal auch SC). Die Substanzen liegen als „Banden" („Zonen") vor. Wurde an einer bestimmten Stelle ihre Konzentration beim Vorübergehen gemessen und aufgezeichnet, so liegt ein *äußeres Chromatogramm* vor (Auswer-

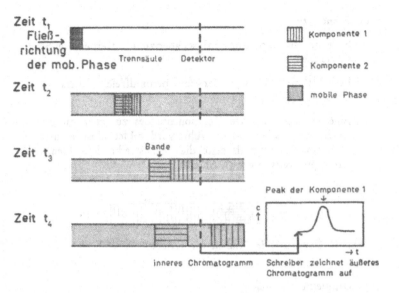

Abb. 3. Elutionsmethode. Schema des zeitlichen Verlaufs der Trennung in einer Säule.

tung in GC, SC). Die „Berge" auf den Konzentrationskurven werden auch Peaks genannt.

b) *Verdrängungsmethode*

Sie eignet sich schlecht für Analysen, gut zur Anreicherung einer (Spuren-) Komponente, arbeitet schnell und mit geringem Verbrauch an mobiler Phase.

Die mobile Phase wird stärker sorbiert als die zu trennenden Komponenten. Sie verdrängt diese in der Reihenfolge ihrer Affinität zur stationären Phase, „schiebt" sie sozusagen vor sich her, wobei die am schlechtesten sorbierte schließlich am weitesten wandert. Eine exakte Trennung der Komponenten ist nicht möglich (vgl. Abb. 4).

Abb. 4. Verdrängungsmethode (Endzustand). Symbole wie in Abb. 3.

21

c) *Frontmethode*

Sie eignet sich nicht zur Analyse, aber zum Entfernen von Störsubstanzen.

Beispiel: Herstellung wasser- und peroxidfreien Äthers an Al_2O_3.

Eine schwach sorbierte Komponente des zu trennenden Gemischs, welches laufend zugeführt wird, bildet selbst die mobile Phase und verläßt als erste die Trennstrecke. Die Trennung erfolgt nur teilweise (vgl. Abb. 5).

Abb. 5. Frontmethode. Symbole wie in Abb. 3.

d) *Gradientenmethode*

Die mobile Phase ändert laufend ihre Zusammensetzung (Mischung in einem Vorbehälter durch Zutropfenlassen aus Büretten oder durch Dosierpumpen). Wird dabei der Anteil an stärker sorbiertem Anteil größer, so kann die Bildung von „Schwänzen" (s. u.) verhindert werden.

1.2.2.2. Trennwirkung chromatographischer Systeme

Die Wirksamkeit eines chromatographischen Systems (Güte) kann durch die *„Bodenzahl"* charakterisiert werden. Das ist eine der wichtigsten Folgerungen aus der mathematischen Behandlung der Chromatographie mittels der „Theorie der Böden". Die Bodenzahl (Ausdruck letztlich übernommen aus der Destillationstechnik) ist die als notwendig anzusehende Anzahl idealer Austauschvorgänge (= Stufen, z. B. beim Ausschütteln im Scheidetrichter), die gleich gute Trennung ergeben wie die des getesteten chromatographischen Systems. Meistens wird statt dessen gebraucht die Bodenhöhe = HETP (height equivalent to one theoretical plate) =

Länge eines chromatographischen Systems in Fließrichtung der mobilen Phase dividiert durch die Bodenzahl.

Je kleiner sie ist, um so besser ist das chromatographische System. Aus der „Dynamischen Theorie" der Chromatographie folgt die van-Deemter-Gleichung, welche die Beziehung zwischen HETP und der Strömungsgeschwindigkeit der mobilen Phase (u) darstellt:

$$H = A + \frac{B}{u} + Cu$$

H = HETP

A = $2 \lambda \, dp$

B = $2 \gamma \, D_{mob}$

C = $\dfrac{8 \cdot K' \cdot d_s^2}{2 \cdot (1 + K')^2 \cdot D_{stat}}$

λ = Faktor für die statistische Unregelmäßigkeit der Packung

dp = Partikeldurchmesser der stationären Phase

γ = Labyrinthfaktor der Porenkanäle (entspricht der Porosität) bei der LSC und GSC

D_{mob} = Diffusionskoeffizient einer zu trennenden Komponente in der mobilen Phase

K' = $K \cdot \dfrac{V_s}{V_m}$

K = Verteilungskoeffizient einer zu trennenden Komponente

V_s = Volumen der stationären Phase

V_m = Volumen der mobilen Phase

d_s = Dicke der stationären Phase (des Flüssigkeitsfilms) bei der LLC und GLC

D_{stat} = Diffusionskoeffizient einer zu trennenden Komponente in der stationären Phase

Aus dieser Gleichung folgt, daß die Trennung um so besser ist, je kleiner H wird:

1.) Für die mobile Phase gibt es eine optimale Geschwindigkeit (H gegen u aufgetragen ergibt ein Minimum). Diese muß je nach den Versuchsbedingungen ermittelt oder, bei Kenntnis aller Größen, berechnet werden. Bei der GC kann diese Geschwindigkeit durch Veränderung des Säuleneingangdrucks leicht eingestellt werden. Bei der SC kann mit hohem Überdruck gearbeitet werden (Hochdruck-SC, spezielle Apparaturen ähnlich der GC, Drücke bis einige 100 atü, etwa so schnelle Trennung wie bei der GC, dp und γ bzw. d_s müssen stark erniedrigt werden: Mikropartikelchen oder mebranüberzogene Glasperlen als stat. Phasen). Statt Druck am Anfang einer Säule kann auch Vakuum am Ende angelegt werden. Dies ist aber oft ungünstiger, weil die Diffusion dadurch größer und die Sorption geringer wird. Bei der Gel-C darf kein zu großer Druck angelegt werden, weil sonst das Gel sintert. Grob gilt: bei zu großer Geschwindigkeit erfolgt Bandenverbreiterung infolge unvollständiger Einstellung des Gleichgewichts, bei zu kleiner eine solche infolge zu großer Diffusion in der mobilen Phase.

2.) Die Packung soll so gleichmäßig wie möglich sein.

3.) Der Partikeldurchmesser der stationären Phase soll klein sein. Dann besitzt diese eine große Oberfläche, welche für die mobile Phase und die zu trennenden Komponenten leicht erreichbar ist. Das Gleichgewicht stellt sich schnell ein. Bei sehr kleinen Partikeldurchmessern wird aber u zu klein. Deshalb gibt es eine optimale Größe für dp.

4.) Die Porosität der stationären Phase sollte klein sein. Ausnahmen: Gel-C und IA.

5.) Der Flüssigkeitsfilm bei der LLC und GLC sollte eine geringe Dicke aufweisen. Allerdings können dann nur geringe Mengen getrennt werden.

6.) Die Temperatur (welche eine Änderung der Diffusions- und Verteilungskoeffizienten bewirkt) soll bei kleinem d_s niedrig, bei großem d_s höher sein. In der Praxis muß die optimale Temperatur durch Vorversuche ermittelt werden. Dies findet praktisch nur bei der GC und in Spezialfällen bei der SC statt. Bei der SC, DC und PC führt eine Erhöhung der Temperatur über Zimmertemperatur oft zu schlechterer Trennung, aber auch zu beschleunigter Wanderung der zu trennenden Komponenten. Sie ist angezeigt bei starker Adsorption der Komponenten. Der Aufwand (beheizbare Rohre oder Chromatographietanks) ist aber meistens größer als derjenige bei Wahl anderer stationärer und mobiler Phasen.

Wenn diese Bedingungen, vor allem 1), 3) und 5) erfüllt sind und die Verteilung reversibel ist, spricht man von *idealer Chromatographie*, sonst von *nichtidealer Chromatographie*.

1.2.2.3. Form der Banden im Chromatogramm

Die Konzentration einer zu trennenden Komponente innerhalb einer Bande ist während des chromatographischen Vorgangs oder danach nicht an jeder Stelle gleich groß (außerdem verbreitern sich die Banden normalerweise), auch wenn sie es beim Beginn war. Trägt man die Konzentration gegen die Entfernung vom Startpunkt (inneres Chromatogramm) oder gegen die Zeit (äußeres Chromatogramm) auf, so ergeben sich selbst bei linearer, idealer Chromatographie *Gauß*sche Glockenkurven (Typ A, vgl. Abb. 6), eine notwendige Folge der Verteilung zwischen stationärer und mobiler Phase bei der Chromatographie.

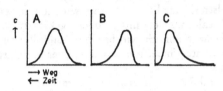

Abb. 6. Form der Banden im Chromatogramm.

Bei nicht idealer Chromatographie verbreitert sich eine solche Kurve infolge Diffusion und Nichteinstellung des Gleichgewichts. Bei der GC bewirken Lösungswärme und Drucksteigerung am Anfang einer Bande, daß dieser etwas schneller wandert und ergeben eine Kurve des Typs B. Noch stärker sind die Veränderungen bei nichtlinearer Verteilungsisotherme. Beim Isothermentyp II ergibt sich der Bandentyp B (Schwanzbildung, geringe Mengen „laufen hinterher"), beim Isothermentyp III bis zu mittleren Konzentrationen der Bandentyp C (Bartbildung, geringe Mengen „laufen voraus").

Will man symmetrische Banden haben, so muß man ein anderes chromatographisches System wählen oder geringere Mengen der zu trennenden Komponenten einsetzen (quasilinearer Teil der Verteilungsisotherme nahe dem Nullpunkt!).

1.2.2.4. Bewegungsrichtung der mobilen Phase

Für den chromatographischen Vorgang ist es prinzipiell gleichgültig, ob sich die mobile Phase von unten nach oben (durch Kapillarkräfte oder zusätzlichen Druck), von oben nach unten (durch Schwerkraft oder zusätzlichen Druck) oder horizontal bewegt. Die erste Art nennt man aufsteigend (gebräuchlichste Methode in der PC und DC, in der SC gut zur Vermeidung von „Kanälen"), die zweite absteigend (für langsam wandernde Substanzen in PC, Normalfall bei SC). Wenn in der DC absteigend chromatographiert wird (selten, z. B. in der Gel-DC), so legt man die Platte auf einem Spezialgestell schräg. Beispiele für horizontale Chromatographie sind die Rundfilterchromatographie (Auftragung nahe der Mitte, Fließmittel fließt von einem durch das Zentrum gesteckten Docht aus, scharfe Trennung infolge Ausbreitung des Fließmittels) und eine spezielle Art der Trockensäulenchromatographie (SC analog der DC; vergleichbare Rf-Werte).

Bei der Keilstreifenmethode werden zwischen den Startpunkten keilförmige Areale weggeschnitten oder -gekratzt, so daß das Fließmittel zunächst ähnlich wie bei der Rundfiltermethode auseinanderfließt. Später findet normale auf- oder absteigende Chromatographie statt.

In der PC und DC kann man Einfachentwicklung und Mehrfachentwicklung (mit demselben oder anderen Fließmitteln) sowie Durchlaufentwicklung (Fließmittel fließt durch die ganze Schicht, tropft dann ab – wie bei absteigender Entwicklung – oder verdampft – wie bei horizontaler Entwicklung) unterscheiden. Bei der zweidimensionalen Entwicklung wird zunächst in einer Richtung (meistens aufsteigend) entwickelt, dann (meistens mit einem anderen Fließmittel) nach Drehen der Platte um 90° senkrecht dazu. So gelingt die Trennung zahlreicher Substanzen, welche sich in einem Fließmittel noch nicht trennen (Aminosäuren aus Proteinhydrolysaten), die Isolierung von Reaktionsprodukten nach Besprühen der in der 1. Dimension getrennten Komponenten oder der Nachweis von Veränderungen der Komponenten während der Chromatographie (mit demselben Fließmittel in beiden Richtungen).

1.2.2.5. Entwicklungskammer

Während bei der SC und GC ohne weiteres ein Abschluß des chromatographischen Systems gegenüber der Umgebung vorhanden ist, sind PC und DC offene Systeme. Schließt man sie nicht ab, so erhält man, vor allem infolge Verdunstens der Fließmittel, völlig unreproduzierbare Ergebnisse. Man bringt sie deshalb in eine Entwicklungskammer (Chromatographietank). Diese wird normalerweise mit dem Fließmitteldampf gesättigt. In manchen Fällen erzielt man aber bessere Trennungen, wenn diese Dampfsättigung erst während der Chromatographie eintritt (Vorbeladungsgradient). Besonders gut reproduzierbare Trennungen erhält man mit der Sandwich-Kammer (Glasplatte wird in weniger als 3 mm Abstand von DC-Schicht aufgelegt, Gasraumtiefe ist also sehr klein!). Die stationäre Phase ist hier überhaupt nicht mit Fließmittel vorbeladen. Vorbedingung für eine reproduzierbare Trennung ist aber, daß die Kammer während des Chromatographierens dicht verschlossen ist und nicht einseitig erwärmt (Brenner in der Nähe!) oder gekühlt (Luftzug!) wird.

1.2.2.6. Äußere Bedingungen während des chrom. Vorgangs. Gradienten

Normalerweise sollen alle äußeren Parameter (Temperatur, Druck) und die Fließgeschwindigkeit während der Chromatographie konstant bleiben. Da Gase ihr Volumen mit der Temperatur besonders stark ändern, ist es notwendig, die GC-Rohre in einem Thermostaten unterzubringen. Bei Trennung von Komponenten sehr unterschiedlicher Flüchtigkeit oder Polarität ist es angebracht, die Temperatur während des chrom. Vorgangs definiert zu erhöhen (temperaturprogrammierte Chromatographie, besonders bei GC üblich). Ein Druckgradient stellt sich bei der SC stets ein. Berücksichtigt werden muß er bei der Hochdruck-SC und der GC (zur Berechnung des Retentionsvolumens ist der Martinfaktor, ein Druckgradient-Korrekturfaktor nötig). Bei der DC kann mit einem speziellen Streichgerät ein Schichtgradient (kontinuierlich veränderte Zusammensetzung der stat. Phase) hergestellt werden.

1.2.3. Auswertung

1.2.3.1. Detektion der getrennten Komponenten

Nicht gefärbte Analysensubstanzen müssen sichtbar gemacht werden. Dies kann bei einigen von ihnen infolge ihrer Fluoreszenz bei der Bestrahlung mit einer UV-Lampe (im Zweifelsfall 2 unterschiedliche Wellenlängen probieren!) oder infolge ihrer Fluoreszenzminderung (oft -löschung genannt) auf Fluoreszenten enthaltenden stat. Phasen geschehen (DC, PC, SC). Oft wird das Dünnschicht- oder Papierchromatogramm mit einem Reagens besprüht, welches mit der Analysensubstanz eine Farbreaktion eingeht (weiterer Vorteil: Identifizierung durch diese chemische Reaktion). In der SC kann zwar zum analogen Vorgehen die Säule aufgeschnitten oder zerlegt werden. Meistens sammelt man aber den Ablauf fraktionsweise (mit einem Fraktionssammler) und führt die Farbreaktion in Lösung aus. Statt dessen kann auch das Spektrum (IR, UV, NMR, MS, Flammenemission, Funkenspektrum) aufgenommen werden. Dies ist auch bei den aus dem Gaschromatographen austretenden Dämpfen möglich, wenn sie kondensiert (Kühlfalle) oder gelöst werden. Meistens verwendet man bei der GC aber spezielle, im Apparat eingebaute Detektoren. Die wichtigsten, mit Angabe der Vorteile (V.) und Nachteile (N.) sind (vgl. Abb. 7):

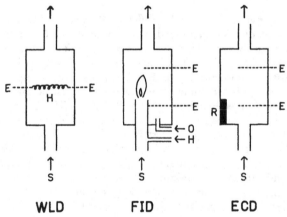

WLD   FID   ECD

Abb. 7. Prinzip der wichtigsten Detektortypen für die GC.
        E = elektrische Leitungen bzw. Elektroden (gestrichelt),
        H = Hitzdraht oder Thermistor,
        R = Radioaktives Präparat,
        S = von der Säule.

a) Wärmeleitfähigkeitsdetektor (WLD). Prinzip: Das von der Säule kommende Gas durchströmt eine Meßzelle, in welcher sich ein stromdurchflossener Hitzdraht (Edelmetall, Widerstand vergrößert sich mit steigender Temperatur) oder ein Thermistor (Halbleiter, Widerstand sinkt mit steigender Temperatur) befindet. Der Widerstand des Hitzdrahts oder Thermistors wird gemessen. Er ändert sich, wenn sich die Zusammensetzung des Gases ändert, weil die Wärmeabstrahlung abhängt von der Wärmeleitfähigkeit des Gases und diese von den Molekulargewichten der anwesenden Komponenten des Gases. Substanzen mit unterschiedlichem Molekulargewicht werden also unterschiedlich empfindlich angezeigt. In der Praxis macht sich dies meist nicht sehr stark bemerkbar.

Vorteil: Alle Substanzen werden angezeigt. Wenig störanfällig.

Nachteil: Relativ unempfindlich (C_3 : 10^{-9} g/sec). Anzeige abhängig von Strömungsgeschwindigkeit und Temperatur.

b) Flammenionisationsdetektor (FID). Mit Hilfe von extra zugeführtem Wasserstoff und Sauerstoff wird die Analysensubstanz verbrannt. Dabei entstehen Ionen (vor allem CHO^+). Deren Rekombination wird durch eine entsprechende Spannung verhindert, welche meistens zwischen dem Mikrobrenner und einer über der Flamme befindlichen Elektrode angelegt wird. Es entsteht ein Ionenstrom, welcher gemessen wird. Die Anzeige hängt ab von der Anzahl der C-Atome in der Substanz und von deren Oxidationsgrad.

Vorteil: Empfindlich (C_3 : 10^{-12} g/sec). Anorganische Stoffe können nicht stören. (Es werden praktisch nur C-H-Verbindungen nachgewiesen.) Wenig empfindlich gegenüber Temperaturschwankungen. Großer Bereich, in dem die Anzeige linear (d. h. proportional zur eingegebenen Substanzmenge) erfolgt.

Nachteil: Zusätzliche Apparatur mit Brenngasen erforderlich. Anorganische Stoffe werden nicht nachgewiesen. Organische Stoffe ergeben unterschiedlich große Anzeigen. Trimethylsilylderivate verschmutzen den Detektor bei häufiger Verwendung.

c) Elektroneneinfangdetektor (ECD). Substanz und Trägergas werden in der Meßzelle einer radioaktiven Strahlung ausgesetzt. Meistens verwendet man β-Strahler (Tritium) in einer Folie. Es entsteht ein Ionenstrom durch Stoß der emittierten Teilchen auf die Gasmoleküle. Die Elektronen werden durch eine angelegte Saugspannung gesammelt und ergeben den Nullstrom des Detektors. Sind elektronenaffine Stoffe anwesend, so fangen sie Elektronen ein, was den Nullstrom entsprechend der Anzahl der vorhandenen Substanzmoleküle vermindert. Dies wird gemessen.

Vorteil: Besonders empfindliche Anzeige von Halogenen und Nitrogruppen (bis 10^{-14} g/sec). Daher werden Moleküle, welche diese enthalten, selektiv angezeigt (Schädlingsbekämpfungsmittel).

Nachteil: Schwach radioaktiv. Relativ kleiner Bereich der linearen Anzeige.

d) Alkali-FID und ähnliche Detektoren. Prinzip ähnlich FID, zugleich befindet sich aber in der Meßzelle ein Alkalimetall. Phosphor oder Halogene bewirken eine verstärkte Ablösung dieses Metalls, wodurch die Ionisierung verstärkt wird.

Vorteil: Höchst spezifisch für organische Halogen- und Phosphorverbindungen oder auch, bei Verwendung von z. B. Rubidiumsulfat, für organische Stickstoff- und Phosphorverbindungen (Schädlingsbekämpfungsmittel!).

Es gibt zahlreiche weitere Arten von Detektoren, von denen z. B. das Mikrocoulometer gelegentlich bei der Analyse von Schädlingsbekämpfungsmitteln und Nitrosaminen Verwendung findet. Die beste Anzeige erfolgt mittels eines *Massenspektrometers.*

Vorteil: Sehr schnell erfolgt zugleich eine Identifizierung der Substanz.

Nachteil: Kostspielige Apparatur.

Auch in der SC und DC können diese Detektoren (nach Verdampfen der Substanzen) oder die Absorption bei einer bestimmten Wellenlänge benutzt werden. Für die Hochdruck-SC hat sich das Differentialrefraktometer bewährt.

1.2.3.2. Identifizierung, Dokumentation

Außer den unter 1.2.3.1. schon genannten Mitteln besitzt man bei jeder Chromatographie eine Möglichkeit zur Identifizierung über die relative (scheinbare) „Wanderungsgeschwindigkeit" einer Analysensubstanz. Sie ist eine Stoffkonstante, welche normalerweise in verschiedenen chromatographischen Systemen unterschiedlich groß ist. Sie kann meist nicht so genau bestimmt werden wie z. B. der Schmelzpunkt, doch ist die Aussagekraft dann, wenn ein Vergleich mit authentischer Substanz (evtl. auch durch „Zumischen") in verschiedenen chromatographischen Systemen erfolgt, genügend groß. Dabei ist zu bedenken, daß z. B. zwei Dünnschichtchromatogramme, welche anscheinend dieselben stationären und mobilen Phasen enthalten, meistens tatsächlich „verschiedene Systeme" darstellen (falls nicht Temperatur, Luftfeuchtigkeit usw. sehr genau konstant gehalten werden). Deshalb muß der Vergleich stets in demselben Chromatogramm erfolgen. Am gebräuchlichsten ist der R_f-Wert:

$$R_f = \frac{v_R}{v_m}$$

v_R = scheinbare Laufgeschwindigkeit des Zonenmaximums der Analysensubstanz

v_m = scheinbare Laufgeschwindigkeit der mobilen Phase (Scheinbar deshalb, weil eine Verzögerung nicht durch langsameres Wandern, sondern durch Sorption zustande kommt.)

Betrachtet man ein inneres Chromatogramm zu einer bestimmten Zeit nach dem Anfang des Chromatographierens (PC, DC, gelegentlich bei SC), so ergibt sich daraus

$$R_{fi} = \frac{s_R}{s_m}$$

s_R = Abstand des Zonenmaximums vom Startpunkt

s_m = Abstand der Fließmittelfront vom Startpunkt.

Diese Front ist nur dann zu sehen, wenn die stationäre Phase zu Beginn trocken war. Bei Fließmittelgemischen kann Auftrennung eintreten; s_m ist dann der Abstand der am weitesten wandernden Front (α-Front). Bei der Durchlaufchromatographie (und meistens in der SC und GC) müßte dieser Abstand berechnet werden. Man betrachtet hier besser die aus den Säulen austretenden Zonen in einem bestimmten Abstand vom Startpunkt (äußeres Chromatogramm):

$$R_{fa} = \frac{t_m}{t_R}$$

t_m = Zeit, welche die mobile Phase braucht, um vom Start- zum Beobachtungspunkt (meist ein Detektor) zu gelangen.

t_R = Zeit, welche das Zonenmaximum für dieselbe Strecke braucht.

Verwendet wird meistens die *Retentionszeit* $t_r = t_R - t_m$, das in dieser Zeit durch die Säule gegangene *Retentionsvolumen* (V_r) oder das auf Normaltemperatur und -druck korrigierte und auf 1 g stationäre Phase bezogene *Spezifische Retentionsvolumen* (V_g).

Trägt man den Ausdruck

$$R_M = \log \left(\frac{1}{R_f} - 1\right)$$

gegen die C-Zahl bei homologen Reihen (bei gleichen experimentellen Bedingungen) auf, so erhält man meistens eine Gerade. Solche erhält man für homologe Reihen in der GC auch, wenn die V_g-Werte an einer stationären Phase gegen diejenigen an einer anderen aufgetragen werden.

Wenn die Bestimmung von t_m oder s_m Schwierigkeiten macht, so bezieht man t_R oder s_R auf eine Vergleichssubstanz x und erhält so den R_x-Wert (in der Durchlauf-PC und DC gebräuchlich). In der GC entspricht diesem der etwas komplizierter definierte *Retentionsindex* (vgl. Lehrbücher). Bei der Gel-C definiert man ein *inneres Volumen* V_i (= Stationäre, flüssige Phase), *äußeres Volumen* V_o (mob. Phase), Volumen des trockenen Gels V_g („Träger") und erhält so das *Elutionsvolumen* einer Analysensubstanz:

$$V_e = V_o + k_d \cdot V_i$$

k_d, welches im Grenzfall einem Verteilungskoeffizienten entspricht, nimmt mit der Temperatur zu (Polymerketten werden flexibler) und hängt vom Molekulargewicht der Analysensubstanz ab. k_d oder die ähnliche Größe

$$k_{av} = \frac{V_e - V_o}{V_t - V_o}$$

welche sich leichter ermitteln läßt, sind meistens proportional dem Logarithmus des Molekulargewichts einer Substanz aus einer bestimmten Stoffklasse (Proteine haben andere Proportionalitätsfaktoren als Kohlenhydrate, Ketten andere als Knäuel).

Die R-, t- und V-Werte können zur Dokumentation dienen. Doch sind sie keine direkte Information. Es ist zu empfehlen, darüber hinaus noch weitere Information aufzubewahren. Die Anzeige eines Detektors (GC, SC) wird deshalb auf ein Schreiberblatt übertragen und aufbewahrt. Papierchromatogramme können direkt aufbewahrt werden. Färbungen können durch bestimmte Sprühmittel stabilisiert werden, z. B. Ninhydrin-Farbflecke mit Kupfernitrat.

Bei Dünnschichtchromatogrammen empfiehlt sich (N = Nachteil), falls nicht käufliche Platten (Streifen) aufbewahrt werden:

1) Photographieren (farbig). *N.:* teuer und aufwendig.
2) Kopieren auf Transparentfolie. *N.:* Farbe und Intensitätsunterschiede gehen verloren, falls nicht farbig gezeichnet wird (N.: Zeitaufwand).
3) Verfestigen der Schicht durch Aufsprühen einer Polymerlösung (PVC-Dispersion, Polyvinylalkohol), Ablösen von der Platte. *N.:* manche Substanzen entfärben sich dabei.
4) Aufpressen einer Klebefolie, Ablösen von der Platte. *N.:* Schicht bröckelt ab.
5) Autoradiographie (nur bei radioaktiven Verbindungen, zugleich Detektionsmethode).

1.2.3.3. Quantitative Bestimmung

Zur quantitativen Bestimmung der getrennten Komponenten kann irgendeine Methode (oft Photometrie) Verwendung finden, wenn die Komponenten nach Verlassen einer Säule getrennt aufgefangen werden. Man kann sie auch von der stationären Phase ablösen (nach Zerlegen der Säule oder Abkratzen der Schicht, nach der Papierchromatographie z. B. durch Mikro-Soxhlet-Extraktion).

Einfacher ist es, die Anzeige eines Detektors zur quantitativen Bestimmung zu benutzen. Dies ist besonders in der GC üblich. Zeichnet der an den Detektor angeschlossene Schreiber die Anzeige differentiell auf, so ist die Fläche unter einem Peak der Menge der Substanz proportional. Diese Fläche kann ermittelt werden mit Hilfe eines speziellen Integrators (welcher am elegantesten an einen Kleincomputer angeschlossen ist, so daß die Analysenergebnisse nach einmaliger Programmierung und Eichung gleich ausgedruckt werden), eines Planimeters (billiger aber mühsamer, 10–20-mal umfahren ist notwendig) oder durch Ausschneiden und Wiegen (Vergleichswägung mit einer bekannten Fläche). Bei symmetrischen Peaks entspricht die Fläche angenähert dem Produkt aus der Höhe des Peaks und der „Halbwertsbreite" (Breite des Peaks bei halber Höhe) und ist, auch bei unsymmetrischen, demjenigen aus der Höhe und der Entfernung des Peakmaximums vom Startpunkt proportional. Gibt man der Analysenmischung einen „inneren Standard" zu (Fremdsubstanz in bekannter Konzentration, welche im Chromatogramm gut abgetrennt von den anderen Peaks erscheint), so kann auch die Höhe des Peaks allein der Berechnung zugrunde gelegt werden. Es ist auch möglich, die Substanzdichte in einem Fleck bei der PC oder DC mittels Densitometrie oder Reflexionsmessung als Peak aufzuzeichnen und so die Substanz quantitativ zu bestimmen. Man vermeidet so Verluste beim Ablösen von der stationären Phase, doch ist diese Methode nicht generell genauer.

Ungenauer ist die Bestimmung aus der Flächengröße eines Flecks. Man kann ihn planimetrieren oder mit durchsichtigem Millimeterpapier bedecken und die Quadrate auszählen. Es gilt dann oft

$$\sqrt{F} = K \cdot \log M$$

$$\text{oder} \quad \sqrt{F} = K \cdot M$$

F = Fläche des Flecks
K = Konstante
M = aufgetragene Menge an zu trennender Komponente

2. Vor- und Nachteile (V., N.) der einzelnen Arten der Chromatographie sowie Hauptanwendungsgebiete (H) in der Lebensmittelchemie

SC

V.: Schutz vor Licht, Luft, Feuchtigkeit sowie Arbeiten unter Schutzgas und Temperieren leicht zu bewerkstelligen. Vergrößerung zwecks präparativen Arbeitens möglich.

N.: Schlechtere Trennung als bei DC (Ausnahme: Trockensäulen-C). Gleichmäßige Säulenpackung ist schwerer herzustellen als gleichmäßige Schicht. Es müssen relativ große Mengen an Analysensubstanz eingesetzt werden. Längere Dauer als bei GC (Ausnahme: Hochdruck-SC).

H.: Vorreinigung, grobe Trennung, quantitative Bestimmung, präparative Darstellung.

DC

V.: Bessere Trennung als bei SC, oft auch schneller. Empfindlicher. Überwachung des chromatographischen Vorgangs einfacher.

N.: Schutz vor Luft und Feuchtigkeit sowie Temperieren schwierig. Quantitative Bestimmung umständlich oder ungenau.

H.: Qualitative Analyse fast aller nicht oder schwer flüchtiger Verbindungen. Präparative Darstellung kleiner Mengen.

PC

V.: Schicht ist billig zu beziehen und kann gut aufbewahrt werden. Absteigendes Arbeiten und Rundfiltertechnik gut möglich.

N.: Anzahl der stationären Phasen stark eingeschränkt. Schlechtere Trennung gegenüber DC (oder längere Arbeitsdauer). Mehr Analysensubstanz nötig als bei DC.

H.: wie DC, mit Einschränkungen.

V.: kurze Analysendauer, große Empfindlichkeit, Schutz vor äußeren Einwirkungen. Stationäre Phase kann öfters benutzt werden. Quantitative Analyse einfach.

N.: aufwendige Apparatur. Bei nichtflüchtigen Stoffen Überführung in Derivate oder Zersetzung nötig. Schwer- und nichtflüchtige Stoffe können zu Verunreinigung führen.

H.: Qualitative und quantitative Analyse aller niedermolekularer Stoffe, besonders auch Spurenanalyse (Konzentrationen von $1:10^9$ und geringer), Reinheitsprüfung, präparative Darstellung von Reinstsubstanzen in kleinen Mengen (etwa 1 g in speziellen „präparativen" Säulen).

Die *Gel-C* ist auf die Trennung von Substanzen unterschiedlichen Molekulargewichts sowie auf dessen Bestimmung beschränkt (*N.:* langsam), die *Ionenaustausch-C* auf die Trennung von Ionen (*V.:* schnell, Packung leicht herzustellen). Entsalzung, Ionenumtausch und Spurenanreicherung sind keine chromatographischen Verfahren.

Allgemeine Vorteile der *Adsorptionschromatographie* sind:

größere Substanzmenge pro g stationärer Phase trennbar,
Trennungen nach funktionellen Gruppen möglich,
gute Trennung nichtpolarer Substanzen,
schnelle Trennung,
Arbeitstechnik meist einfach.

Die Vorteile der *Verteilungschromatographie* sind:

Trennung höherer Homologer derselben Stoffklasse möglich (gelegentlich Trennung nach Siedepunkten in der GC),
gute Trennung stark polarer Substanzen,
keine irreversible Bindung; stationäre Phase kann oft mehrmals benutzt werden,
gute Reproduzierbarkeit.

Ausgewählte Lehrbücher

a) *Zum Lernen*

Hesse (1968), *Hrapia* (1965) (beide für Chromatographie allgemein)

b) *Zum Nachschlagen*

      DC: *Stahl* (1967), (1970), *Geiß* (1972), *Randerath* (1965)

      GC: *Kaiser* (1973), *Leibnitz* u. *Struppe* (1967)

   Gel-C: *Determann* (1967)

     IA: *Dorfner* (1970)

     PC: *Cramer* (1962)

sowie für die meisten Arten der Chromatographie: Handbuch der Lebensmittelchemie Bd. II/1, S. 519–689. Speziell SC: S. 567 ff.

3. Dünnschichtchromatographie

3.1. Methoden zum Herstellen einer Schicht

Erforderlich: Streichgerät. Mehrere Glasplatten 20×20 cm, 2 Endplatten 5×20 cm. Erlenmeyer 250 ml und 50 ml, mit Schliffstopfen (notfalls Gummistopfen). Mixgerät (Handelsmixgerät, Mixstab, hochtouriger Rührer o. ä.). Trockenschrank. Kieselgel für die Dünnschichtchromatographie (am besten Kieselgel G, welches etwa 13 % Gips enthält). Cellulose für die Dünnschichtchromatographie. Äthanol (90 %), kann vergällt sein. Magnesiumsilikat für die Dünnschichtchromatographie.

Aufgabe: Es sollen Dünnschichten (etwa 250–300 μm Schichtdicke) nach der Streich- und der Gießmethode hergestellt werden.

Ausführung: Streichmethode. Die Dicke der Glasplatten richtet sich nach der Art des Streichgeräts. Besitzt man ein solches mit einfacher Schablone (z. B. Kunststoffplatte, am Rand erhöht, nach *Stahl,* Fa. Desaga), so sollten sie alle gleich dick sein, um ungleichmäßiges Bestreichen zu vermeiden. Dies ist nicht nötig, wenn während des Streichvorgangs ein Gummibalg die Platten so an eine obere Kante preßt, daß deren Oberseite gleich hoch zu liegen kommt (s. Abb. 8; geliefert von der Fa. Shandon). Die Glas-

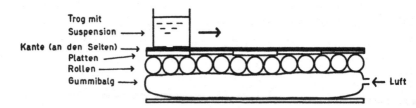

Abb. 8. Schnitt durch ein Streichgerät (schematisch, von der Seite).

platten werden gründlich gereinigt, eventuell mit einem Scheuermittel oder einer Spülmittellösung, und mit Leitungswasser und destilliertem Wasser gespült. Sie können mit einem sauberen Tuch getrocknet werden. Dann werden sie auf das Streichgerät gelegt, an jedem Ende die Endplatten, mit welchen das ungleichmäßige Beschichten der großen Platten am Anfang und Ende des Streichvorgangs verhindert wird. Am Trog des Streichgeräts kann man normalerweise, z. B. durch Verstellen der Abschlußplatte, die Dicke der aufzubringenden Schicht einstellen, wozu eine Fühlerlehre an Stelle der Schicht darunter gelegt wird. Man stellt auf 250 oder 300 μm ein. Der Trog wird an ein Ende des Streichgeräts gestellt. 35 g Kieselgel G werden in dem großen Erlenmeyerkolben mit 70 ml dest. Wasser 30–45 Sekunden lang kräftig geschüttelt, bis sich eine gleichmäßige Suspension gebildet hat. Diese wird sofort in den Trog des Streichgeräts gefüllt. Man zieht nun den Trog gleichmäßig ohne abzusetzen zum anderen Ende, wobei die Suspension ausfließt und die Platten gleichmäßig bedecken soll. Kleine Unregelmäßigkeiten an den Plattenrändern schaden nicht. Bei Anwesenheit von Gips soll der ganze Vorgang vom Mischen ab in 2 bis höchstens 3 Minuten beendet sein. Die Platten werden frühestens nach 10 Minuten entfernt und am besten in einem (käuflichen) tragbaren Trockengestell getrocknet (an der Luft 12 Stunden oder im Trockenschrank bei 105 °C mindestens 30 Minuten). Die Aufbewahrung erfolgt am besten in diesem Gestell, welches in einen Exsiccator gestellt wird. Benötigt man viele Platten, kann man sich auch einen Schrank anfertigen lassen, in welchem die Platten, ähnlich wie im Trockengestell, in Rillen eingeschoben werden. Auf keinen Fall sollten sie sich berühren. Es kann nun versucht werden, auf dieselbe Weise eine Suspension von 15 g Cellulose mit 90 ml dest. Wasser herzustellen. Da wahrscheinlich hierbei keine gleichmäßige Verteilung der Cellulose erreicht wird, gibt man die Mischung in ein Mixgerät (oder behandelt in einem Becherglas mit einem Mixstab, Ultra-Turrax o. ä.). Eine andere Möglichkeit bietet der teilweise Ersatz des Wassers durch Äthanol (90 %) im Erlenmeyer. Dies hat den weiteren Vorteil, daß die gestrichenen Platten schneller trocknen, ist aber natürlich erheblich teurer.

Gießmethode: 3 g Kieselgel werden in dem kleinen Erlenmeyer mit 13,5 ml Äthanol (90 %) und 1,5 ml dest. Wasser geschüttelt. Die gesamte Suspension wird auf eine Platte gegossen und auf dieser durch Hin- und Herneigen gleichmäßig verteilt. Dann stellt man die Platte zum Trocknen vorsichtig auf eine waagrechte Unterlage. Auf dieselbe Weise wird eine Suspension von 3 g Magnesiumsilikat in derselben Flüssigkeitsmischung ausgegossen.

Ergebnis: Die mit der Streichmethode hergestellten Schichten sollten (auch im durchfallenden Licht) gleichmäßig aussehen. Die Oberfläche sollte glatt sein und so fest haften, daß man sie durch leichtes Darüberwischen nicht wesentlich beschädigen kann. Die mit der Gießmethode hergestellten Schichten sind normalerweise ungleichmäßiger. Doch erlauben sie, sorgfältige Herstellung vorausgesetzt, im Rahmen des Praktikums durchaus eine Verwendung zu den Versuchen.

Bemerkungen: Die *Gießmethode* besitzt für die Praxis kaum eine Bedeutung. Sie liefert ungleichmäßigere Schichten und ist bei der Herstellung vieler Platten teurer (wegen des Äthanols) als die Streichmethode. Sie kann aber von Vorteil sein, wenn ein einmaliger Vorversuch mit nur einer Platte und mit einem ungewöhnlichen Sorbens ausgeführt werden soll. Werden nur selten Dünnschichtplatten mit den gängigen Sorbentien gebraucht, wird Wert auf möglichst gute Reproduzierbarkeit gelegt oder will man sich die Mühe des Herstellens sparen, so empfiehlt es sich, *Fertigschichten* zu kaufen. Sie werden – auf Glas, Kunststoff oder Aluminiumfolie als Träger – von verschiedenen Firmen geliefert und besitzen eine gleichmäßigere und mechanisch widerstandsfähigere Schicht als die selbst hergestellten. Insbesondere gilt dies von Polyamidschichten. Die auf biegsamem Träger aufgebrachten Fertigschichten haben den weiteren Vorteil, zerschnitten werden zu können (vgl. Aufgabe 2). Man kann sie auch als Dokument irgendwelchen Schriftstücken beiheften. Ihr einziger Nachteil ist der Preis. Der manchmal genannte weitere, daß die R_f-Werte auf Fertigschichten (infolge der Beimengung von Haftmitteln) anders wären als auf selbst hergestellten, ist für die Praxis des Lebensmittelchemikers unerheblich. DC-Rapid-Fertigplatten benötigen bei fast gleicher Trennleistung oft nur etwa 60 % der sonst gebrauchten Entwicklungszeit (vgl. *Ebel* 1973).

Das *Ausstreichen* im eigenen Labor ist dann wirtschaftlicher, wenn relativ viel Dünnschichtplatten benötigt werden. Das Anschaffen eines eigenen Streichgeräts hat auch den Vorteil, daß man mit ungewöhnlichen Sorbentien arbeiten kann und daß die Schichtdicke variiert werden kann. Zur Herstellung von Schichtgradienten (nach *Stahl*) gibt es ein spezielles Streichgerät (Fa. Desaga). Eine wenig gebräuchliche Art ist das Ausstreichen mit Hilfe eines Glasstabs (vgl. *Randerath* 1965). Eine „*Tauchmethode*" wird im Versuch 2 beschrieben.

Werden selbst hergestellte oder Fertigschichten zwecks späterem Gebrauch aufbewahrt, so soll dies nicht an der Laboratoriumsluft, sondern im Exsiccator, einer leeren Entwicklungskammer oder einem gesonderten Schrank erfolgen.

3.2. Vorproben zur Auswahl des Fließmittels

Erforderlich: Einige Reagensgläser, 8 davon mit Korkstopfen. Reagensglasgestell. 4 Glasstäbe (etwas länger als die Reagensgläser). 4 Objektträger. Becherglas 250 ml (hohe Form). 4 Weithalsgläser mit Schliff oder dichtem Schraubverschluß (so groß, daß je 1 Objektträger darin untergebracht werden kann). Erlenmeyer 500 und 100 ml mit Glasschliff. Trockenschrank. Pipetten oder selbst ausgezogene Kapillaren 1 μl und 2 μl. Tiegelzange. Eine biegsame Fertigplatte mit einer Aluminiumoxid-Schicht (am besten auf Aluminiumfolie). Aluminiumoxid für die Dünnschichtchromatographie (am besten Aluminiumoxid G). Lösungen von 20 mg 4-Aminoazobenzol, 20 mg 4-Methoxyazobenzol und 50 mg Azobenzol in 50 ml Tetrachlorkohlenstoff. Äthanol. Essigsäureäthylester. Tetrachlorkohlenstoff.

Aufgabe: Es soll ein Fließmittel zur Trennung von 4-Aminoazobenzol, 4-Methoxyazobenzol und Azobenzol auf Aluminiumoxid ermittelt werden. Um einen Überblick zu gewinnen, sollen 4 Flüssigkeiten, welche sehr unterschiedliche Dielektrizitätskonstanten besitzen und folglich in der eluotropen Reihe weit auseinander stehen, geprüft werden: Wasser ($\varepsilon = 80{,}37$), Äthanol ($\varepsilon = 24{,}3$), Essigsäureäthylester ($\varepsilon = 6{,}02$) und Tetrachlorkohlenstoff ($\varepsilon = 2{,}24$).

Ausführung: Die Korkstopfen werden so durchbohrt, daß die hineingesteckten Glasstäbe sich bewegen lassen, ohne hindurchzufallen. Man steckt die Glasstäbe so weit hinein, daß sich ihre unteren Enden 3 cm über dem Boden der Reagensgläser befinden (s. Abb. 9). Ein Reagensglas wird mit einer Suspension von 20 g Aluminiumoxid in 26 ml dest. Wasser zu $^9/_{10}$ gefüllt. Die gut gereinigten Glasstäbe werden mit ihren längeren Teilen kurz in dieses Reagensglas getaucht, so weit es die Korkstopfen gestatten, herausgezogen und zum Trocknen mit dem längeren (unteren) Teil nach oben 10 Minuten auf das Reagensglasgestell gestellt.

Dann steckt man sie möglichst auf ähnliche Weise, jedenfalls so, daß die Aluminiumoxidschicht nicht beschädigt wird, in einen Trockenschrank und erhitzt 30 Minuten auf 110 °C. Nach dem Abkühlen (15 Minuten) wird auf ihr unteres Ende (Punkt A) 2 μl der Farbstofflösung aufgebracht. Sobald diese getrocknet ist, können die Stäbe in die Reagensgläser gesetzt werden, welche je 2 ml der einzelnen Fließmittel enthalten (der Stopfen wird fest aufgesetzt). Punkt A soll sich noch über der Flüssigkeitsoberfläche befinden. Der Stab wird vorsichtig nach unten geschoben, bis er die Oberfläche eben berührt. Sobald die Farbstoffe nach oben gewandert sind oder die Flüssigkeitsoberfläche den Stab nicht mehr berührt, wird dieser weiter nach unten geschoben. Man wartet, bis das Fließmittel am oberen Ende der Schicht angekommen ist oder bis eine vollständige Trennung der 3 Farbstoffe erfolgt ist.

Je 2 der gut gereinigten Objektträger werden aufeinander gelegt. Mit Hilfe einer Tiegelzange werden sie an einem schmalen Ende angefaßt und kurz in eine im 250-ml-Becherglas befindliche Suspension von 80 g Aluminiumoxid in 100 ml Äthanol (90 %) oder Chloroform getaucht, nach dem Herausziehen getrennt und

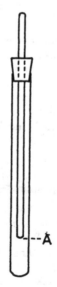

Abb. 9. Reagensglas mit Korkstopfen.

wie die Glasstäbe getrocknet und aktiviert. Auf Punkt B der aktivierten Platten (s. Abb. 10) wird 1 μl der Farbstofflösung aufgetragen.

Abb. 10. Objektträger.

Nach dem Eintrocknen werden die Objektträger in die Weithalsgläser gestellt, welche zu knapp 1 cm Höhe mit den einzelnen Fließmitteln beschickt sind. Dabei kommen die Objektträger schräg zu stehen, mit der beschichteten Seite nach oben. Man wartet so lange wie bei den Glasstäben.

Die Fertigplatte wird in Streifen von 1 cm Breite zerschnitten, und diese werden 30 Minuten bei 110 °C aktiviert. 1 cm vom unteren Ende entfernt wird analog wie bei den Objektträgern auf 4 Streifen je 1 μl der Farbstofflösung aufgetragen. Die Streifen werden in Reagensgläser eingeführt, welche 2–3 ml des Fließmittels enthalten und mit (am unteren Ende eingeschnittenen) Korkstopfen festgeklemmt, wobei die Streifen sich krümmen, was nicht schadet. Sie sollen bis kurz unter dem Startpunkt in das Fließmittel eintauchen. Man läßt dieses bis kurz unter den Korkstreifen laufen.

Ergebnis: Während Wasser und Äthanol keine Trennung bewirken, werden die Farbstoffe durch Essigsäureäthylester teilweise und durch Tetrachlorkohlenstoff am besten getrennt. Dies steht in Übereinstimmung mit dem STAHL'schen Dreieckschema, wonach ein nicht polares Gemisch und eine ziemlich aktive stationäre Phase eine unpolare mobile Phase erfordern. Das relativ unpolare Azobenzol wird an dem polaren Aluminiumoxid am schwächsten sorbiert und wandert daher am weitesten. Es folgt Methoxyazobenzol und schließlich Aminoazobenzol.

Am besten eignet sich zur Vorprobe die „Fertigschicht-Methode", weil sie am wenigsten Arbeit erfordert und die besten Trennungen liefert. Die „Glasstabmethode" ist der „Objektträger-Methode" meistens überlegen, vorausgesetzt, daß das Auftragen der Trennsubstanzen symmetrisch erfolgt und daß sich diese nicht im Fließmittel lösen. Im letzteren Fall können sie auch ringförmig, etwa 1 cm vom Ende entfernt, aufgetragen werden.

Bemerkungen: Die hier angegebenen Methoden zeichnen sich durch relativ geringen Aufwand aus. Natürlich können Vorproben auch mit normalen Dünnschichtplatten und großen Entwicklungskammern ausgeführt werden. Nur 1 Platte benötigt man, wenn in einer Spezialkammer (z. B. Vario-KS-Kammer, Fa. Camag) entwickelt wird, welche so untergeteilt ist, daß auf jeder Entwicklungsbahn ein anderes Fließmittel laufen kann.

Es ist günstig, wenn die Trennung mittels eines chemisch einheitlichen Fließmittels gelingt. Meistens gelingt dies aber nicht. Man mischt dann mehrere Flüssigkeiten und bezeichnet die Komponenten dieses Gemisches mit z. B. Butanol/Eisessig/Wasser, die Mengenangaben (normalerweise in Volumenteilen) z. B. mit (4 + 1 + 1) oder (4:1:1). Man kann außerdem die Angabe V/V/V (Volumenteile) oder G/G/G (Gewichtsteile) o. ä. dazusetzen. Mischen sich nicht alle angegebenen Komponenten, so wird im Scheidetrichter geschüttelt, abgetrennt und die organische Phase (falls in der Vorschrift nichts anderes vermerkt) als Fließmittel, die andere gelegentlich zum Sättigen der Kammer, verwendet.

3.3. Methoden zum Auftragen des zu trennenden Gemischs.
Eindimensionale Entwicklung

Erforderlich: Mehrere mit Aluminiumoxid G (60 g + 75 ml H_2O) beschichtete Dünnschichtplatten. Entwicklungskammer. Schmelzpunktröhrchen (dünn) oder aus Glasrohr ausgezogene Kapillare. Mikropipette (am besten 10 μl-Graduierung oder Vollpipette zu 1 μl und 5 μl) oder Mikrometerspritze (10 μl, mit 1-μl-Graduie-

rung), notfalls Blutzuckerpipette oder geeichte – selbst hergestellte
– Kapillare (vgl. Bd. I S. 44). Trockenschrank. Föhn. Auftrageschablone. Lösung von 20 mg 4-Aminoazobenzol, 20 mg 4-Meth-
oxyazobenzol und 50 mg Azobenzol in 50 ml Tetrachlorkohlenstoff. Tetrachlorkohlenstoff. Filtrierpapier.

Aufgabe: Die Wirksamkeit folgender Arten des Auftragens soll
mit Hilfe von späterem Entwickeln verglichen werden: das punkt-
förmige Auftragen, das strichförmige, das Auftragen kleiner Pro-
benmengen und dasjenige größerer.

Ausführung: 1,5 cm vom Rand der Platte entfernt sollen
kleine Mengen der Farbstofflösung (möglichst punktförmig, höchstens 3 mm Durchmesser) aufgetragen werden (vgl. Abb. 11). Man

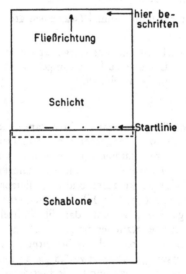

Abb. 11.   Dünnschichtplatte mit Startflecken und Schablone.

wählt eine solche Seite der Platte, welche bis zum Rand mit Sorp-
tionsmittel bedeckt ist. Die Punkte sollen mindestens 1 cm voneinander entfernt sein. Um bequem auftragen zu können und die
Abstände einzuhalten, nimmt man eine Mehrzweckschablone zur

45

Hilfe, welche Zentimetereinteilungen enthält und wie eine Brücke über die Platte geschoben werden kann, ohne die Schicht zu berühren (Fa. Desaga). Notfalls benutzt man ein über 20 cm langes Lineal, unter dessen beiden Enden Pappscheiben o. ä. von größerer Höhe als die Dünnschichtplatte geklebt sind. Man schiebt den Rand der Schablone dahin, wo die Startpunkte aufgebracht werden sollen und trägt nun auf, ohne die Schicht zu verletzen:

etwa 1 μl mit einem entsprechend dünnen Schmelzpunktröhrchen oder einer ausgezogenen Kapillare (die Farbstofflösung wird nur durch Kapillarkräfte aus der Vorratsflasche hinein- und, bei leichtem Berühren der Schicht, herausgezogen),

einen Strich von 1,5 cm Breite (Startstrich) durch Nebeneinandersetzen von mehreren Punkten,

1 μl mit einer Pipette oder Mikroliterspritze,

5 μl mit derselben rasch auf einmal (was einen größeren Fleck ergibt),

5 μl in kleinen Anteilen, wobei das Aufgetragene jeweils zwischendurch trocknen soll. Um dies zu beschleunigen, wird von der Seite her mit einem warmen Föhn geblasen,

10 μl ebenfalls in Anteilen.

Am oberen Rand über den Startpunkten kann eine Beschriftung (mit spitzem Bleistift o. ä.) angebracht werden. Dann stellt man die Platte in eine Trennkammer. Diese wurde vor mindestens $1/2$ Stunde mit einer 1 cm hohen Schicht Tetrachlorkohlenstoff beschickt und an 3 Seiten (2 kürzeren und einer längeren) innen mit Filtrierpapier ausgeschlagen. Das Filtrierpapier wurde mit Tetrachlorkohlenstoff getränkt, so daß das Fließmittel hochgesaugt wurde und eine rasche Kammersättigung erfolgte. Kommt die Platte schräg zu stehen, so soll sich die Beschichtung oben befinden. Falls der Flüssigkeitsspiegel unter etwa 0,5 cm absinkt, wird nachgefüllt. Man deckt sorgfältig zu und beobachtet die Trennung.

Ergebnis: Nach strichförmigem Auftragen werden die Farbstoffe besser getrennt. Fronten heben sich besser voneinander ab als Flecken. Wird eine größere Menge Flüssigkeit (5 μl) auf einmal aufgetragen, so entstehen zu große Flecken, was ebenfalls die Trennung verschlechtert. Mit 10 μl ist die Sorptionskapazität der Schicht überschritten: auch in diesem Fall ist die Trennung schlecht.

Bemerkungen: Sollen Lösungen unbekannten Gehalts chromatographiert werden, so empfiehlt es sich, mehre Punkte oder Striche mit verschiedenen Mengen an Lösung aufzutragen, um die besten Trennbedingungen zu finden. Immer sollte man sich bemühen, den Startpunkt so klein wie möglich zu halten. Am rationellsten und mit der besten Reproduzierbarkeit erfolgt das Auftragen mit einem automatischen Probenauftragegerät. Normalerweise ist dabei auch die Gefahr einer Beschädigung der Schicht gering, weil die Analysenlösung aus der Bürette ausgeblasen wird. Solche Geräte, von denen mehrere im Handel sind, eignen sich vor allem für Serienanalysen, wenn viele untereinander gleichvolumige Proben aufgetragen werden sollen, für die quantitative Bestimmung und für das Herstellen von möglichst gleichmäßigen Startstrichen.

Die Art der ausgeführten Entwicklung nennt man eindimensional. Prinzipiell ähnlich (Detektion s. Aufg. 5) werden z. B. an lebensmittelchemisch wichtigen Substanzgruppen getrennt (im Rahmen der anderen Aufgaben in diesem Buch beschriebene Systeme sind nicht erwähnt; vgl. Seite 48, 49.

Tab. 4

Substanzen	Schicht	Fließmittel	Literatur
Aflatoxine	Kieselgel G	Chloroform/Methanol (93+7)	Frank (1968)
Antibiotika	Cellulose	n-Butanol/Methanol/Essig-säure/Wasser (45+30+9+36)	Langner (1972)
Antioxydantien	Kieselgel G	Chloroform/Methanol/Eisessig (90+10+2) (evtl. mehrfach entwickeln)	Meyer (1969)
Carotinoide	Kieselgel G	Petroläther/Benzol (1+1), Dichlormethan/Äthylacetat (8+2)	Wildfeuer (1968)
3,5-Dinitrobenzoate von Alkoholen	Kieselgel G	Cyclohexan/Tetrachlorkohlen-stoff/Essigsäureäthylester (10+75+15)	Randerath (1965)
Diphenyl u. ä.	Kieselgel G	Dichlormethan/Petroläther (Sdp. 55–75° C) (1+3)	Sperlich (1962)
Fruchtsäuren	verschiedene	verschiedene	Stahl (1967) Rauscher (1972)

Substanzen	Schicht	Fließmittel	Literatur
Glyceride	Kieselgel	Petroläther (Sdp. 40–60 °C) Essigsäureäthylester (7+3)	Berner (1972)
		Petroläther/Äther (1+1)	Kaufmann (1951)
Mineralöl (in Fetten)	Kieselgel G	Heptan	Rauscher (1972)
Phosphatide	Kieselgel G	Chloroform/Methanol/ Wasser (65+25+4)	Acker (1967)
Purinalkaloide	Kieselgel G	Chloroform/Äthanol (99+1)	Stahl (1970)
Stabilisatoren und Weichmacher in Kunststoffen	Kieselgel G	verschiedene	Rauscher (1972)
Sterine	Kieselgel G	Benzol/Aceton (8+2)	Acker (1963)
Süßstoffe (künstl.)	Celluloseacetat + Polyamid	n-Butanol/Äthanol/Ammoniak/ Wasser (80+8+2+18)	Müller (1972)
Tabak-Alkaloide	Kieselgel G	n-Butanol/Äthanol/ 0,5 n-Ammoniaklösung (66+17+17)	Stahl (1970)
Verdickungs-mittelbestandteile (Hydrolysat)	Cellulose	Essigsäureäthylester/Wasser/ Pyridin (2+2+1) 2–3mal entwickeln	Kiermeier (1973)

3.4. Einfluß verschiedener Parameter auf dem R_f-Wert

Erforderlich: 7 mit Aluminiumoxid G, eine mit Kieselgel und eine mit Kieselgur beschichtete Dünnschichtplatten. Auftrageschablone. Normale Trennkammern (eine genügt, besser aber mehrere). S-Kammer. Pipette 1 μl oder Kapillare (Schmelzpunktröhrchen), mit welcher eine ähnlich große Menge aufgebracht werden kann. Trockenschrank. Lösung von 20 mg 4-Methoxyazobenzol, 20 mg 4-Aminoazobenzol und 50 mg Azobenzol in 50 ml Tetrachlorkohlenstoff. Tetrachlorkohlenstoff. Filterpapier.

Aufgabe: Die Einflüsse von Aktivierung, Kammerform, Kammersättigung, Temperatur, Anzahl der Entwicklungen und Art der stationären Phase auf die R_f-Werte dreier Farbstoffe sollen studiert werden.

Ausführung: Aktivierung: Vor dem Auftragen von je etwa 1 μl des Farbstoffgemischs (punktförmig, mehrere Punkte pro Platte) wird eine der Aluminiumoxid-Platten mindestens 18 Stunden (über Nacht) an der Luft gelagert, die zweite 30 Minuten und die dritte 60 Minuten bei 110 °C im Trockenschrank aktiviert. Die erhitzten Platten läßt man mindestens 15 Minuten im Exsiccator abkühlen. Auf eine oder mehrere der Platten kann man auch die Farbstoffe einzeln (1 μl der 0,0004%igen bzw. 0,001%igen Lösung G/V) als Vergleich, im Wechsel mit dem Gemisch, auftragen. Nach dem Auftragen der Farbstoffe soll sofort in einer normalen, mit Tetrachlorkohlenstoff gesättigten Kammer (vgl. Aufg. 3) entwickelt werden. Sobald das Fließmittel mehr als 10 cm weit über die Startpunkte hinaus gewandert ist, nimmt man die Platten aus der Kammer und zeichnet sofort (mit einem spitzen Bleistift o. ä.) die Frontlinie an. Man mißt (am besten unter Zuhilfenahme der Schablone) die Entfernung jedes Startpunktes (S) von jedem Mittelpunkt der einzelnen Farbstoffflecken (M) und von der Front (F) und berechnet die Quotienten $R_f = \dfrac{M - S}{F - S}$.

Ein ähnlicher Versuch wird auf die Weise ausgeführt, daß die Farbstoffe zuerst auf die Platte aufgetragen werden, diese erst dann bei 110 °C 60 Minuten lang aktiviert und nach kurzem Abkühlen ohne Verweilen an der Luft in die Trennkammer gebracht wird.

Kammerform und -sättigung. Von drei nach dem Auftragen aktivierten Platten (entsprechend dem zuletzt geschilderten Versuch) wird eine in einer Trennkammer entwickelt, welche nicht mit Fließmitteldampf gesättigt ist (Tetrachlorkohlenstoff kommt erst kurz vor der Platte hinein; Filtrierpapier entfällt), die zweite in einer S-Kammer, die dritte in einer normalen, gesättigten Kammer, welche aber schon 1 Stunde vorher in einem auf 50 °C beheizten Trockenschrank gestellt wurde. Die Auswertung erfolgt wie oben beschrieben.

Anzahl der Entwicklungen. Eine der nach dem Auftragen aktivierten Platten wird nach beendetem Versuch noch einmal aktiviert und auf dieselbe Weise wie beim ersten Mal entwickelt.

Art der stationären Phase. Die Platten mit Kieselgel und Kieselgur wurden nach dem Auftragen aktiviert und in einer normalen, gesättigten Trennkammer entwickelt.

Ergebnis: Die R_f-Werte eines bestimmten Farbstoffs sind ziemlich gleich groß, wenn gar nicht oder vor dem Auftragen aktiviert wurde. Einen Einfluß hat allerdings die Geschwindigkeit des Auftragens (wenn groß: kleinere R_f-Werte) und die Luftfeuchtigkeit (wenn groß: größere R_f-Werte). Deutlich kleinere R_f-Werte, also eine deutliche Auswirkung der Aktivierung, beobachtet man aber dann, wenn nach dem Auftragen aktiviert wurde (dies ist natürlich bei hitzeempfindlichen Substanzen nicht sinnvoll). In den anderen Fällen genügt die Luftfeuchtigkeit, welche während des Auftragens auf die Platte einwirkt, um die Schicht zu desaktivieren.

In der ungesättigten Kammer und in der S-Kammer werden größere R_f-Werte erhalten. Dies kommt daher, weil ein stärkerer Fließmitteldurchsatz herrscht; denn ein Teil des Fließmittels, auch nahe der Front, verdunstet, bis sich Kammersättigung eingestellt hat. Deshalb wandert auch die Front langsamer. Höhere Temperatur bedingt (bei wasserarmen Schichten) größere R_f-Werte; denn die Adsorptionsstärke nimmt ab. Für die Praxis ist dies aber von geringer Bedeutung: wenige ° C führen noch zu keinem wahrnehmbaren Wert, größere Änderungen haben selten Vorteile. Daß bei mehrfacher Entwicklung die R_f-Werte zum Schluß größer werden, ist leicht verständlich, ebenso, daß sie nicht proportional der Anzahl der Entwicklungen anwachsen.

Auf Kieselgur (schwächeres Sorbens) werden größere R_f-Werte erhalten, auf Kieselgel bei diesem Versuch meistens (abhängig von der Sorte) kleinere als bei Aluminiumoxid.

Alle diese Beobachtungen können dazu verwendet werden, um bei einem gegebenen Analysengemisch und Fließmittel die Trenneigenschaften zu verbessern oder die R_f-Werte in einen günstigen Bereich (zwischen 0,1 und 0,9) zu verlagern. In erster Linie wird man in der Praxis allerdings das Fließmittel verändern.

Bemerkungen: Als zusätzlichen Versuch kann man den Deckel der Trennkammer einen Spalt breit offenstehen lassen. Meistens wird dann eine ungleichmäßige Entwicklung der einzelnen Flecken stattfinden, so daß Vergleiche mit Testsubstanzen nicht mehr möglich sind. Sowieso wird man bemerken, daß am Rand der Platten die Gemische andere R_f-Werte ergeben oder die Flecken verzerrt werden (Randeffekt infolge Abdunstens, ungleichmäßigere Schicht usw.). Es empfiehlt sich daher, die Schicht am Rand – etwa 0,5 cm breit – abzuschaben oder einen senkrechten Strich zu ziehen. Letzteres kann generell zwischen den einzelnen Bahnen geschehen, so daß jede Mischung oder Einzelsubstanz auf einem Streifen für sich läuft. Schiefes Wandern ist dann weitgehend ausgeschlossen.

Die genaue Bestimmung einer Aktivitätsstufe geschieht mit 5 Farbstoffen (Azobenzol, p-Methoxyazobenzol, Sudangelb, Sudanrot, p-Aminoazobenzol, vgl. *Randerath* 1965, S. 14).

Am besten kann man den Einfluß unterschiedlicher Wassergehalte der stationären Phase auf die Trennung in einer abgeteilten Kammer (z. B. Vario-KS-Kammer) studieren. Die durch Striche abgetrennten Bahnen der horizontal mit der Schicht nach unten angeordneten Platte werden mit Hilfe von z. B. Schwefelsäurelösungen auf unterschiedliche Feuchtigkeiten eingestellt.

3.5. Methoden der Detektion

3.5.1. Sprühtechniken (Niedere Carbonsäuren)

Erforderlich: DC-Platte mit Cellulose, am besten mit mikrokristalliner (z. B. Avicel®). Leere Glasplatte (oder Karton). Normales Zubehör zur DC (vgl. vorstehende Aufgaben). Einfaches Sprühgerät (am besten aus Glas entsprechend Abb. 12 o. ä.). Druckluft (Druckluftleitung, kleiner Kompressor oder Stahlflasche). Sprüher vom Typ „Spray-Gun" (Sprühdose). Fließmittel: n-Buta-

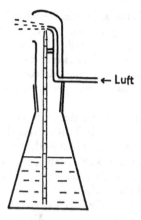

← Luft

Abb. 12.   Einfaches Sprühgerät für die DC.

nol, gesättigt mit 1,5 n-Ammoniaklösung (im Scheidetrichter schütteln und abtrennen). Sprühmittel: 40 mg Bromkresolgrün in 100 ml Äthanol lösen und mit 0,1 n-NaOH bis zur eben auftretenden Blaufärbung versetzen. Getrennte Lösungen von 3 % Ameisen-, 3 % Essig-, 2 % Propion- und je 1 % Butter- und Capronsäure in Methanol sowie eine Mischung mit denselben Konzentrationen.

Aufgabe: Verschiedene Sprühtechniken sind zum Nachweis einiger Carbonsäuren nach der Chromatographie zu erproben.

Ausführung: Auf die nicht aktivierte Dünnschicht wird je 1 μl der einzelnen Säurelösungen und auf drei Startpunkte je 1 μl der Mischung aufgetragen, so daß die Mischungen nebeneinander am einen Ende der Startlinie zu liegen kommen (aber mit dem üblichen Abstand). Man entwickelt, trocknet bei Zimmertemperatur und stellt bald danach die Platte fast senkrecht unter einen Abzug. Davor stellt man eine leere Glasplatte, so daß alle Bahnen bis auf die letzte (auf welcher die Mischung lief) bedeckt sind. Nun bläst man mit dem Mund in den mit einem Gummischlauch verlängerten „Luft"-Ansatz des mit dem Sprühmittel gefüllten, senkrecht gehaltenen Sprühgeräts und richtet die austretenden Tröpfchen senkrecht gegen den freigelassenen Teil der Dünnschicht. Man bewegt den Sprüher möglichst gleichmäßig über die Schicht, bis diese feucht, aber nicht tropfnaß ist.

Die leere Glasplatte wird nun um eine Bahn weiter zurückgeschoben. Das Sprühgerät wird an eine Druckluftleitung, einen Kompressor oder eine Stahlflasche (Druck mindern!) angeschlossen. Vor dem Besprühen der Platte richtet man den Strahl daneben auf ein Blatt Papier, um die ersten, größeren Tröpfchen nicht auf die Platte gelangen zu lassen. Das Sprühmittel soll nur als feines Aerosol darauf kommen.

Die restlichen Bahnen werden mit einem Sprüher vom Typ „Spray-Gun" besprüht. Die käuflich erhältliche Treibgasdose ist mit einem auswechselbaren Glasbehälter verbunden, welcher mit dem Sprühmittel gefüllt wird. Man sprüht zunächst ebenfalls daneben, dann gleichmäßig, am besten von links nach rechts in mehreren „Zeilen" und nötigenfalls mit Wiederholung.

Es werden die R_f- und die R_M-Werte (vgl. S. 31 f.) berechnet und gegen die C-Zahlen der Säuren auf Millimeterpapier aufgetragen.

Ergebnis: Der mit dem Mund erreichte Luftdruck reicht normalerweise nicht aus, um ein genügend feines Aerosol zu erhalten. Infolge ungleichmäßiger Befeuchtung treten die Farbflecken ungleichmäßig hervor. Am schärfsten ist der Nachweis mit einem Sprüher vom Typ „Spray-Gun", weil hierbei normalerweise das feinste Aerosol erreicht wird.

Capronsäure wandert am weitesten, die anderen Säuren folgen entsprechend ihren C-Zahlen. Sowohl die R_f- als auch die R_M-Werte liegen, gegen die C-Zahlen aufgetragen, annähernd auf Geraden. Das letztere ist bei homologen Reihen (mit Ausnahme der Anfangsglieder) üblich.

3.5.2. *Fluoreszenz, Fluoreszenzminderung, Farbreaktion (Konservierungsmittel)*

Erforderlich: Polyamid für die Dünnschichtchromatographie. Leuchtstoff (= Fluoreszenzindikator) für kurzwelliges UV (254 nm), z. B. ZS „Super" (Riedel de Haën) oder „Grün" (Woelm). Mixgerät. Zentrifuge. Normales Zubehör zur DC (vgl. vorstehende Aufgaben). Pipetten 1 μl, 10 μl, 50 μl. UV-Lampe mit kurzwelliger Strahlung (254 nm).

Lösungen von je 10 mg Benzoesäure, p-Hydroxybenzoesäuremethylester (PHB-Ester), Salicylsäure und Sorbinsäure in je 10 ml Äthanol, sowie eine Lösung aller vier Konservierungsmittel (je 10 mg/10 ml). Fließmittel: Benzol/Aceton/Eisessig (60+3+1). Lö-

sung von Wasserstoffperoxid (1 %) in Wasser. Sprühmittel 1 a:
Lösung von 0,6 % Wasserstoffperoxid in Wasser. Sprühmittel 1 b:
gesättigte $MnSO_4$-Lösung. Sprühmittel 2: Lösung von je 5 g $FeCl_3$
und $FeSO_4$ in 100 ml Wasser.

Aufgabe: Nach erfolgter Trennung sollen einige Konservierungsmittel durch Fluoreszenz, Fluoreszenzminderung und Farbreaktionen nachgewiesen werden.

Ausführung: 12 g Polyamid für die Dünnschichtchromatographie werden mit 0,3 g Leuchtstoff verrieben und in 60 ml Methanol im Mixgerät suspendiert. Die Suspension wird auf 5 Dünnschichtplatten ausgestrichen und bei Zimmertemperatur getrocknet.
Auf eine Platte werden nebeneinander aufgetragen: je 10 μl Sa-
licylsäurelösung und Benzoesäurelösung, 1 μl Mischung, 10 μl
Mischung, 50 μl Mischung, je 10 μl Lösung des PHB-Esters und
der Sorbinsäure, schließlich noch einmal 1 μl der Mischung. Dann
wird mit dem Fließmittel 3 mal ohne Kammersättigung entwickelt.
Nach kurzem Trocknen betrachtet man die Platte unter kurzwel-
ligem UV-Licht (254 mm), wobei eine Schutzbrille aufgesetzt werden soll. Dann werden alle Bahnen außer der letzten mit einer
Glasplatte vorsichtig abgedeckt. Die letzte Bahn wird mit der
Wasserstoffperoxidlösung besprüht und so lange mit der UV-Lampe bestrahlt, bis außer der Salicylsäure noch eine zweite Substanz
(Benzoesäure) fluoresziert. Sprühmittel 1 a und 1 b werden im
Verhältnis 9:1 gemischt. Die ganze Schicht wird damit und noch
feucht mit Sprühmittel 2 besprüht.

Ergebnis: Unter der UV-Lampe geben sich 3 der Konservierungsmittel durch Dunkelfärbung (Fluoreszenzminderung, oft auch
weniger korrekt -löschung genannt) zu erkennen. Diese Substanzen
hindern die Strahlung, an den in der Schicht befindlichen Fluoreszenzindikator zu gelangen. Der Nachweis ist nicht nur einfacher,
sondern auch empfindlicher als die Farbreaktion. Benzoesäure läßt
sich empfindlicher nachweisen, wenn sie in die fluoreszierende Salicylsäure übergeführt wird.

Bemerkungen: Mit Vorteil kann für diese Aufgabe auch ein bereits den Leuchtstoff enthaltendes Polyamidpulver, z. B. Polyamidpulver zur DC/UV 254 (Macherey und Nagel) benutzt werden
oder eine Fertigplatte (mit Leuchtstoff). Zweimaliges Entwickeln
verbessert die Trennung.

Durch *Eigenfluoreszenz* (welche je nach Substanz besser mit kurz- oder langwelligem UV-Licht angeregt wird) können u. a. folgende für die Lebensmittelchemie wichtigen Substanzen nachgewiesen werden:
Aflatoxine, β-Glycyrrhetinsäure, Chinin, cancerogene polycyclische aromatische Kohlenwasserstoffe sowie einige Farbstoffe (zusätzlich zur Eigenfärbung).

Durch *Überführung in fluoreszierende Verbindungen* können z. B. nachgewiesen werden:

Tab. 5

Substanz	Behandlung mit:	Literatur
Diphenyl	2,4,7-Trinitrofluorenon (0,5 % in Aceton)	Sperlich (1962)
Nicotinsäure	UV-Licht	Brunink (1972)

Durch *Fluoreszenzminderung* können zahlreiche Substanzen nachgewiesen werden, z. B. Capsaicin, Piperin, Purinalkaloide.

Ein nachträglich aufgebrachter Fluoreszenzindikator ist Rhodamin B. Man sprüht z. B. mit einer 0,05%igen Lösung in Äthanol und kann verschiedene Substanzklassen als nicht oder anders fluoreszierende Flecken auf rotfluoreszierender Schicht nachweisen.

Häufig gebrauchte *Farbreaktionen* sind z. B. (vgl. auch den Abschnitt Papierchromatographie und die anderen Aufgaben):

Tab. 6

nachzuweisende Substanzen	Sprühmittel	Erhitzen	Literatur
Antioxydantien, Phenole	2,6-Dichlordinondchlorimid (2%) in abs. Äthanol	—	Meyer (1969)
mehrere Aromastoffe	Anisaldehyd/Eisessig/Methanol/ konz. Schwefelsäure (0,5 + 10 + 85 + 5)	10 min 110 °C	Stahl (1970)
Carotinoide, Sterine, Terpene u. a.	$SbCl_3$ (25%) in $CHCl_3$	10 min 100 °C	Merck (1970)
Östrogene	Vanillin (1%) in H_3PO_4 (50%)	30 min 120 °C	Waldschmidt (1972)
Phospholipide	Dragendorffs Reagens für Cholin enthaltende, Ninhydrin für NH_2-Gruppen enthaltende. Allgemein: Ammoniummolybdat-Perchlorsäure	—	Stahl (1967)
Purinalkaloide	1) Kaliumjodid (1%), Jod (2%) in Äthanol (96%) 2) HCl (25%) / Äthanol (96%) (1 + 1)	—	Stahl (1970)

Gelegentlich können farblose Substanzen auch durch Bestrahlen mit UV-Licht in gefärbte überführt werden (Diäthylstilböstrol z. B. wird gelb).

Zahlreiche Sprühmittel existieren zum Nachweis von Zuckern (vgl. *Stahl* 1967 und *Merck* 1970). Es sind dies vor allem Reagentien, welche mit aus diesen gebildetem Hydroxymethylfurfural (HMF) oder Furfural Farbreaktionen eingehen (aromatische Amine, z. B. Anilin oder Anisidin, Phenole, z. B. α-Naphthol oder Thymol, Anthron, mit welchem man Ketosen selektiv nachweisen kann, weil diese unter bestimmten Bedingungen schneller HMF bilden), ferner Reagentien, welche nur mit reduzierenden Kohlenhydraten reagieren (z. B. Triphenyltetrazoliumchlorid, Dinitrobenzoesäure), und schließlich Reagentien auf Polyole (z. B. Natriummetaperjodat + Benzidin). Ein beliebtes Sprühmittel, mit welchem verschiedene Zucker unterschiedliche Färbungen ergeben, ist folgendes:

2 g p-Anisidin in 48 ml Aceton lösen, unter Rühren tropfenweise 12 ml Phosphorsäure (d = 1,70) oder mehr zugeben bis zur klaren Lösung, dann unter kräftigem Rühren eine Lösung von 2 g Diphenylamin in 48 ml Aceton zusetzen. Nach dem Besprühen 5 Minuten auf 105 °C erhitzen.

3.5.3. Enzymatischer Nachweis (Organophosphor-Insektizide)

Erforderlich: DC-Platte mit Kieselgel. Normales Zubehör zur DC (vgl. vorstehende Aufgaben). Mixgerät. Fließmittel: Hexan/Aceton (4+1). Sprühmittel 1: gesättigte Lösung von Br_2 in Wasser. Sprühmittel 2: 0,1 n-Natriumthiosulfatlösung. Sprühmittel 3: 1 T. Rinderleber mit 9 T. Wasser im Mixer zerkleinern, 10 Minuten bei etwa 3000 U/min zentrifugieren. Überstehende Flüssigkeit 1:4 mit Wasser verdünnen (Leber und Homogenat sind in tiefgefrorenem Zustand mehrere Monate haltbar). Sprühmittel 4 a: Lösung von 125 mg β-Naphthylacetat (naphtholfrei) in 100 ml absolutem Äthanol. Sprühmittel 4 b: Lösung von 20 mg Echtblausalz B (bisdiazotiertes o-Dianisidin) in 16 ml Wasser.

Lösungen von 1 mg E 605®, 50 mg Meta-Systox®, 50 mg Systox® und 100 mg Unden®, jeweils in 10 ml Aceton, sowie eine Lösung aller 4 Insektizide in 10 ml Aceton. (Vorsicht!! Organophosphor-Insektizide sind sehr giftig!)

Aufgabe: Die 4 Organophosphor-Insektizide sollen nach dünnschichtchromatographischer Trennung enzymatisch nach *Ackermann* (vgl. Woelm Information 33) nachgewiesen werden.

Ausführung: Auf jeder Platte werden je 1 μl der Lösungen der einzelnen Insektizide sowie 1 μl und 10 μl der Mischung aufgetragen. Nach dem Entwickeln wird die erste Platte mit dem frisch bereiteten Sprühmittel 1 besprüht, 15 Minuten bei Zimmertemperatur gelagert, leicht mit Sprühmittel 2 besprüht (um den Überschuß von Br_2 zu entfernen), sodann mit Sprühmittel 3. Dann stellt man die Platten 60 Minuten in eine mit Wasser beschickte und gesättigte Trennkammer. Anschließend läßt man die Schicht etwas antrocknen, mischt 4 ml Sprühmittel 4a mit 16 ml frisch bereitetem Sprühmittel 4b und sprüht damit.

Ergebnis: Die Insektizide zeigen sich als weiße Flecken auf rotem Untergrund. Dies kommt dadurch zustande, daß sie die durch das Enzym katalysierte Hydrolyse von Naphthylacetat (welche zum Naphthol und durch Kupplung mit dem Diazoniumsalz zum Farbstoff führt), verhindern. Überdosierung des Enzyms zeigt sich durch Blaurotfärbung der Platte an.

Bemerkungen: Es kann auch ein nicht enzymatischer Nachweis durch Farbreaktion (vgl. *Stahl* 1967) ausgeführt werden. Die Empfindlichkeit des beschriebenen enzymatischen Tests ist bei den meisten Substanzen nicht viel größer, bedeutend allerdings beim E 605®. Sehr viel empfindlicher soll der Nachweis bei Verwendung von Bienenhirn-Enzym sein (*Müller* 1973). Das enzymatische Nachweisverfahren hat den Vorteil, daß wirklich nur Cholinesterasehemmstoffe erfaßt werden, und zwar entsprechend ihrer Wirksamkeit empfindlicher. Infolgedessen kommt man bei toxikologischen Untersuchungen oft ohne vorherige Extraktions- und Reinigungsoperationen aus. Bei den geringen Spuren, welche sich in normalen Lebensmitteln befinden, ist aber eine Anreicherung unumgänglich.

Durch *Enzymhemmung* können z. B. auch nachgewiesen werden: Thiabendazol und Benomyl durch Esterase aus Bienenköpfen (*Tjan* 1973).

3.6. Zweidimensionale Entwicklung (Aminosäuren)

Erforderlich: 3 mit Cellulose (am besten mikrokristalliner, z. B. Avicel®) beschichtete Dünnschichtplatten. Trennkammer. Trockenschrank oder Heizplatte. Pipetten 1 μl und 5 μl. 100 ml Rundkolben. Rückflußkühler. Heizpilz oder Bunsenbrenner mit Dreifuß usw.. Rotationsverdampfer. Meßzylinder 10 ml. Albumin aus Eiern (bzw. Ovalbumin). Lösungen von Alanin, Asparaginsäure, Glutaminsäure, Isoleucin, Leucin, Phenylalanin, Serin und Valin (jeweils 5 mg/10 ml). Lösungen von 5 beliebigen Aminosäuren, darunter Prolin oder Hydroxyprolin, in Wasser (jeweils 5 mg/10 ml; auch eine Lösung aller Aminosäuren zusammen). Fließmittel 1: Isopropanol/Äthylmethylketon/n-HCl (12+3+5). Fließmittel 2: Methanol/Wasser/Pyridin (20+5+1). Fließmittel 3: Butanol-(2)/Ameisensäure/Wasser (75+15+10). Fließmittel 4: Phenol/Wasser (80+20). Sprühmittel 1: 0,3 g Ninhydrin in 100 ml n-Butanol lösen und 3 ml Eisessig zusetzen. Sprühmittel 2: 0,2 g Ninhydrin und 2,5 ml 2,4,6-Collidin werden in 100 ml Isopropanol gelöst. Sprühmittel 3 a: 0,1 ml Ninhydrin in 50 ml abs. Äthanol lösen, 10 ml Eisessig und 2 ml 2,4,6-Collidin zusetzen. Sprühmittel 3 b: Lösung von 0,5 g Kupfer(II)-nitrat in 50 ml Äthanol. Rauchende Salzsäure.

Aufgabe: Es sind zu identifizieren: 5 Aminosäuren in einem Testgemisch sowie 8 der in größter Menge vorhandenen Aminosäuren im Eialbumin.

Ausführung: Je etwa 1 μl der Lösungen der 5 beliebigen Aminosäuren (A_1–A_5) sowie der Mischung (M) werden nacheinander an den in der Abb. 13 bezeichneten Stellen auf die Celluloseschicht aufgetragen, und zwar die Mischung links unten je 1,5 cm vom Rand entfernt, die Vergleichssubstanzen rechts unten, 1,5 cm vom unteren Rand entfernt, im gegenseitigen Abstand von je 1 cm, und ebenso links oben, 1,5 cm vom linken Rand entfernt. Zwischen diesen können Linien gezogen werden, nicht aber in der Nähe der Mischung. Dann entwickelt man mit dem Fließmittel 1 in der Fließrichtung F_1 bis die Front etwa 1 cm von dem links oben aufgetragenen A_5 entfernt ist. Man nimmt die Platte heraus und trocknet sie. Dann entwickelt man mit dem Fließmittel 2 in der Fließrichtung F_2 (man hat also die Platte gegenüber der ersten Entwicklung um 90° gedreht), bis die Front etwa 1 cm von dem Startpunkt A_1 (rechts unten) entfernt ist. Nach abermaligen Trock-

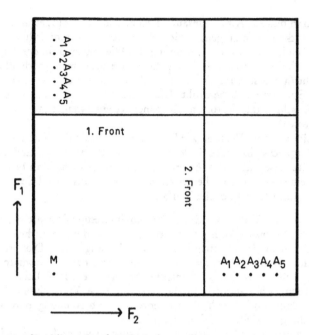

Abb. 13. Zweidimensionale DC: Auftragstellen.

nen wird mit dem Sprühmittel 1 besprüht und einige Minuten in
einem Trockenschrank bei 100–110 °C (oder auf einer Heizplatte)
erhitzt, wobei man das Auftreten der Färbungen beobachtet. Noch
günstiger ist es, die Dünnschichtplatte bis zu 24 Stunden bei Zimmertemperatur liegen zu lassen. Auf den Schnittpunkten der Linien, welche parallel zu den Fließmittelfronten durch die Flecke
der Vergleichssubstanzen verlaufen, liegen die aus dem Gemisch
getrennten Komponenten.

3 g Ovalbumin werden mit 20 ml rauchender Salzsäure im
Rundkolben am Rückflußkühler 8–9 Stunden lang gekocht, anschließend unter zweimaligem Zusatz von etwa 10 ml dest. Wasser
im Rotationsverdampfer (Vakuum, Wasserbadtemperatur etwa
50 °C) dreimal eingeengt. Das Hydrolysat wird mit dest. Wasser
in einen Meßzylinder gespült und auf 10 ml aufgefüllt. 5 μl dieser
Lösung werden genauso aufgetragen wie die Aminosäuremischung
M. Als Vergleichssubstanzen werden diesmal die 4 Aminosäuren

Glutaminsäure, Asparaginsäure, Leucin und Serin aufgetragen. Das Entwickeln erfolgt genau wie bei der Aminosäurenmischung, nur verwendet man in der 1. Richtung das Fließmittel 3, in der 2. Richtung das Fließmittel 4. Wenn die Platte nicht mehr nach Phenol riecht (am besten im Trockenschrank bei 50–60 °C trocknen), wird mit Sprühmittel 2 besprüht. Das Arbeiten mit dem Fließmittel 4 muß sehr exakt erfolgen (Kammer genau waagrecht, gut verschlossen).

Ein weiterer Versuch wird mit dem Eiweißhydrolysat und den 4 Vergleichssubstanzen Isoleucin, Alanin, Phenylalanin und Valin (ersatzweise auch Lysin, Arginin, Glycin) ausgeführt. Man besprüht mit einer kurz vorher hergestellten Mischung aus 25 ml Sprühmittel 3 a und 1,5 ml Sprühmittel 3 b.

Ergebnis: Während sich das Aminosäuretestgemisch oft schon in der 1. Dimension vollständig trennt, bereiten die zahlreichen Aminosäuren in dem Proteinhydrolysat Schwierigkeiten. Dies ist der Grund für die Anwendung der zweidimensionalen Chromatographie. Auch hierbei werden manche Aminosäuren, z. B. Leucin und Isoleucin, noch immer schlecht getrennt. Eine Verbesserung kann man dann noch durch elektrophoretische Vortrennung und Verwendung spezieller Fließmittel erreichen.

Die ersten beiden Fließmittel liefern eine wesentlich schnellere, aber oft schlechtere Trennung als die anderen beiden. Fließmittel 4 wandert ziemlich langsam.

Mit Ninhydrin können die Aminosäuren sehr empfindlich nachgewiesen werden. Zum Reaktionsmechanismus vgl. *RUSKE* 1968, S. 347. Leider sind die Färbungen der einzelnen Aminosäuren beim einfachen Sprühmittel 1 praktisch gleich (violett), so daß kaum eine weitere Differenzierung auf Grund der Farbe gegeben ist. Nur Prolin und Hydroxyprolin färben sich gelb (anderer Reaktionsmechanismus). Eine gewisse Differenzierung erlaubt das Beobachten des Zeitpunkts, zu dem die Färbungen auftreten und das nachträgliche Einwirkenlassen von HCl-Dampf (in einer Trennkammer, in welcher eine Schale mit konz. HCl steht). Größere Farbunterschiede beobachtet man nach dem Zusatz von Collidin (Sprühmittel 2). Das Kupfernitrat im Sprühmittel 3 ruft nicht nur weitere Farbunterschiede hervor, sondern stabilisiert auch die Färbungen.

Bemerkungen: Zur Demonstration einer zweidimensionalen Trennung eignet sich ferner die Trennung von Glucose, Lactose, Saccharose und Fructose (1 % in der wäßrigen Lösung, von welcher 1 μl aufgetragen wird) auf Kieselgel G-Borsäure (30 g Kieselgel G mit 60 ml wäßriger Borsäurelösung [0,618%] ausstreichen). F_1: Butanol/Aceton/Wasser (4+5+1), Laufzeit 30 Minuten. F_2: Methyläthylketon/Eisessig/Methanol (6+2+2), Laufzeit 40 Minuten. Sprühmittel: 2 g Diphenylamin und 2 g Anilin werden in 100 ml Äthanol gelöst. Nach Zusatz von 10 ml sirupöser Phosphorsäure wird besprüht und 25–35 Minuten bei 80 °C erhitzt. Glucose und Lactose färben sich blau, Fructose gelb, Saccharose grün.

Die zweidimensionale Technik kann auch zum Nachweis der Zersetzung von Trennsubstanzen während der Chromatographie benutzt werden. Es wird dann in beiden Richtungen mit demselben Fließmittel entwickelt, wobei sich die unzersetzten Substanzen in einer Diagonale anordnen. Umgekehrt führt die TRT-Technik (Trennung-Reaktion-Trennung) eine absichtliche Veränderung einzelner Bestandteile eines Gemischs nach der ersten Entwicklung durch. Man besprüht hierzu die Bahn über dem Startfleck mit einer Reaktionsmischung (der Rest der Platte wird abgedeckt).

Mit Hilfe der zweidimensionalen Dünnschichtchromatographie können z. B. folgende weitere für die Lebensmittelanalytik wichtige Gemische getrennt werden, vgl. Seite 64.

Tab. 7

Substanzen	Schicht	Fließmittel	Literatur
Aflatoxine	Kieselgel HR	1) Diäthyläther/Methanol/Wasser (96+3+1)	Tauchmann (1972)
		2) Chloroform/Aceton/Hexan (142+25+33)	
Östrogene	Kieselgel G	1) n-Hexan/Diäthyläther/Dichlormethan (4+3+2)	Waldschmidt (1972)
		2) Essigsäureäthylester/Benzol (1+3)	
Phospholipide	Kieselgel	1) Chloroform/Methanol/Ammoniaklösung (28%) (140+50+7)	Chapman (1972)
		2) Chloroform/Methanol/Aceton/Essigsäure/Wasser (10+2+4+2+1)	

Eine gegenüber der normalen eindimensionalen Entwicklung verbesserte Trennung kann auch mit der Keilstreifenmethode (entsprechend wie bei der Papierchromatographie, Versuch 6.4; vgl. auch *Rauscher* 1972, S. 469) erfolgen.

3.7. Chromatographie mit imprägnierten und gepufferten Schichten. Universalreagentien (Triglyceride)

Erforderlich: Mit Kieselgur G beschichtete Platte. Normales Zubehör zur DC (vgl. vorstehende Aufgaben). Pipette 1 μl. Fließmittel 1: Paraffinum subliquidum/Petroläther (40–60 °C) (5+95). Fließmittel 2: Eisessig (99–100 %). Jod. Sprühmittel: 2 g lösliche Stärke mit 5 ml Wasser anreiben und in 45 ml siedendes Wasser eintragen. 2 Minuten kochen. Lösungen von Fetten oder Ölen (z. B. Erdnußöl, Kakaobutter, Leinöl, Olivenöl) jeweils 1 % in Chloroform. Lösungen von reinen ungesättigten Triglyceriden (z. B. Triolein, Trilinolein) jeweils 1 % in Chloroform.

Aufgabe: Die Triglyceride eines oder mehrerer Fette oder Öle sollen nach *Stahl* (1970) auf einer lipophilisierten Schicht getrennt werden.

Ausführung: Die Kieselgur-Platte wird 30–45 Minuten bei 110 °C aktiviert und nach dem Erkalten mit dem Fließmittel 1 imprägniert. Das geschieht in einer normalen Trennkammer genau wie das Entwickeln. Natürlich sind keine Trennsubstanzen anwesend. Nach dem Verdunsten des Petroläthers werden die Fett- und Triglyceridlösungen (je 1 μl) aufgetragen. Man entwickelt mit Fließmittel 2 (Kammersättigung!). Zum Sichtbarmachen wird die Platte in eine trockene Trennkammer gestellt, welche am Boden etwa 10 g Jod enthält. Nachdem sich braune Zonen gebildet haben, wird mit dem Sprühmittel besprüht. Schließlich erhitzt man 5–10 Minuten bei 105 °C.

Ergebnis und Zusatzversuch: Ungesättigte Triglyceride färben sich nach Einwirkung der violetten Joddämpfe braun. Diese Färbung verschwindet beim Liegenlassen an der Luft wieder, indem das Jod verdampft. Jod ist ein „Universalreagens". Es lagert sich reversibel an zahlreiche Substanzen an, insbesondere an ungesättigte. Zum Fixieren kann Stärkelösung verwendet werden. Will man aber eine Substanz (z. B. für die quantitative Bestimmung) unverändert aus dem Dünnschichtchromatogramm eluieren, so macht man sich eine solche reversible Anfärbung ohne Fixierung zunutze, um die Lage des Substanzfleckens kennenzulernen (Markieren durch Umranden mit spitzem Stift).

Ein anderes „Universalreagens" ist Phosphormolybdänsäure, welche mit allen reduzierenden Verbindungen blaue Flecken auf gelbem Grund liefert. Noch universaler ist konzentrierte Schwefelsäure (fein versprühen, dann 6–7 Minuten auf 110 °C erhitzen) oder Dichromat-Schwefelsäure (6 % $K_2Cr_2O_7$ in 55%iger Schwefelsäure, ebenfalls erhitzen). Sie sind bei diesem Versuch nicht anwendbar, doch können sie bei einem Zusatzversuch verwendet werden, bei welchem auch die *Argentations-Chromatographie*, d. h. die Chromatographie auf mit Silbernitrat imprägnierten Schichten, demonstriert werden kann. Hierzu werden die Öle bzw. Vergleichssubstanzen mit dem Fließmittel Petroläther (Sdp 60–80 °C)/ Diäthyläther/Eisessig (90+10+1) einmal auf Kieselgel G, zum anderen auf Kieselgel G, welchem beim Anschütteln 10–25 % $AgNO_3$ beigemischt werden, getrennt. Auf der Silbernitrat enthaltenden Platte wandern die Glyceride mit ungesättigten Fettsäuren (wie überhaupt ungesättigte Verbindungen) langsamer, weil sich π-Komplexe bilden. Komplexe bilden sich auch z. B. auf mit Borsäure imprägnierten Platten mit Polyolen. Oft löst man das Imprägnierungsmittel oder den Puffer in der Flüssigkeit, welche zum Suspendieren der stationären Phase vor dem Ausstreichen dient.

Auf gepufferten oder imprägnierten Schichten können z. B. folgende für die Lebensmittelanalytik wichtige Substanzen getrennt werden:

Tab. 8

Substanzen	Schicht	Imprägnierung	Fließmittel	Literatur
Gluconsäure-δ-lacton	Kieselgel G	Borsäurelösung 0,1 n (zum Anschütteln)	Methanol/Benzol/Eisessig (6+2+2)	Rauscher (1972)
Maltooligosaccharide	Kieselgur G	Natriumacetatlösung 0,02 m	n-Butanol/Pyridin/Wasser (70+15+15)	Stahl (1967)
Phenole	Kieselgel	AgNO$_3$-Lösung (0,1 n)	Benzol/Methanol/Essig-säure (8+1+1)	Thielemann (1972)
polychlorierte Biphenyle	Kieselgur G	Paraffinöl (8% in Petroläther) eintauchen	Wasser/Acetonitril/Methanol (15+40+45)	Stalling (1973)
Sorbit	Kieselgel G	Borsäurelösung 0,033 m (aufsprühen)	dest. Wasser	Coles (1972)

Zucker (vgl. Aufgabe 3.6 und Rauscher 1972)

3.8. Quantitative Bestimmung (Lebensmittelfarbstoffe)

Erforderlich: 2 mit Cellulose G beschichtete Platten. Normales Zubehör zur DC (vgl. vorstehende Aufgaben). Mikroliterspritze 10 μl oder Pipette 2 μl. Transparentpapier. Planimeter. Zentrifuge mit Gläsern 15–20 ml. Glasstab. Spektralphotometer oder Filterphotometer mit Filtern nahe bei 385 nm, 515 nm, 520 nm und 610 nm. Küvetten (1 cm). Fließmittel: Lösung von Trinatriumcitrat (2%) in 5%iger Ammoniaklösung. Lösung von je 50 mg Amaranth (E 123), Ponceaurot 6 R (E 126), Echtgelb (E 105) und Indigotin I (E 132) in 50 ml Wasser.

Aufgabe: 4 Farbstoffe sind nach dünnschichtchromatographischer Trennung quantitativ zu bestimmen, und zwar durch Messen der Fleckengröße mittels Planimetrieren sowie durch Wiegen der auf Papier abgezeichneten Flecken, außerdem durch Eluieren der Farbstoffe aus der Schicht und photometrische Bestimmung. Die Reproduzierbarkeit der einzelnen Methoden soll verglichen werden. Welche Beziehung besteht zwischen der Fleckengröße und der Farbstoffmenge? Zum Vergleich mit der Säulenchromatographie (Aufgabe 7.4) sind auch die R_f-Werte zu notieren.

Ausführung: Auf 5 verschiedene Startpunkte werden 2, 4, 6, 8 und 10 μl der Farbstofflösung möglichst punktförmig aufgetragen und mit dem Fließmittel entwickelt. Dies geschieht bei jeder Platte auf dieselbe Weise. Ein Transparentpapier wird vorsichtig auf jede Platte gelegt (die Farbstoff enthaltende Schicht darf dabei nicht abgelöst werden). Die Farbstoff-Flecken werden mit einem weichen Bleistift abgezeichnet und die R_f-Werte berechnet. Die Größe jedes Fleckens wird auf dem Transparentpapier durch 10-maliges Umfahren mit einem Planimeter bestimmt, dann werden die ausgeschnittenen Flächen gewogen. Die Farbstoff enthaltenden Flecken auf der Dünnschicht werden mit einem Spatel abgekratzt, jeweils für sich quanitativ in ein Zentrifugenglas gebracht, mit Hilfe eines dünnen Glasstabs mit 5 ml Wasser gut verrührt und zentrifugiert. Von den klaren Lösungen werden die Extinktionen gemessen, und zwar von Amaranth bei 520 nm, von Ponceaurot bei 515 nm, von Echtgelb bei 385 nm und von Indigotin bei 610 nm. Von jeder Bestimmungsart wird die relative Standardabweichung nach der Formel

$$S_{rel} = \sqrt{\frac{\sum \left(\frac{(x_1 - x_2) \cdot 100}{\overline{x}} \right)^2}{N - 1}}$$

berechnet. Hierbei bedeuten

x_1 u. x_2 = die beiden sich entsprechenden Meßwerte auf verschiedenen Platten,

$\overline{x}$ = den Mittelwert aus diesen beiden Messungen,

N = die Gesamtzahl aller Messungen mit einer Bestimmungsart (40).

Außerdem werden die gemessenen Extinktionen gegen die aufgebrachten Mengen graphisch aufgetragen.

Ergebnis: Die R_f-Werte sind ungefähr folgende: Indigotin 0,2 (langgezogen), Amaranth (Naphtholrot) 0,45, Echtgelb 0,6, Ponceaurot 6 R 0,85. Die relativen Standardabweichungen betrugen bei einem Versuch z. B.: Fläche durch Planimetrieren 14 %, durch Wiegen 13 %, Extrahieren der Farbstoffe: 17 %. Der relativ schlechte Wert nach dem Extrahieren, welches die objektivste Methode zu sein scheint, ist bei diesem Versuch vor allem bedingt durch die relativ geringen Extinktionen der Meßlösungen. Er wird besser bei empfindlichen Farbreaktionen und bei vollständiger Extraktion (abgekratzte Cellulose in Mikrosäule geben, Wasser durchtropfen lassen, erhaltene Lösung einengen). Für die maximal erreichbare Genauigkeit von 3 % müßten 50–100 μg Substanz pro Fleck aufgetragen werden; dann wird aber die Trennung schlechter. Man wird also bei relativ geringen Mengen an Analysensubstanz die Flächenmessung, am besten durch Wiegen, vorziehen. Bei der gewählten Arbeitsweise ergibt sich keine lineare Beziehung zwischen Extinktion und aufgebrachter Menge. Die zur Mengen-Achse konkaven Kurven sind aber, vor allem bei den roten Farbstoffen, in ihrem oberen Teil gerade.

Zusatzversuch: Besonders elegant, aber auch apparativ aufwendig ist die direkte quantitative Photometrie der Flecken im Auflicht (Remission: gemessen wird die von der Platte diffus reflektierte Lichtmenge nach Bestrahlen mit sichtbarem oder UV-Licht, welche bei Absorption durch die Analysensubstanz geringer ist, bei Fluoreszenz größer) oder, seltener, im Durchlicht (Transmission: gemessen wird analog der Lösungsphotometrie; normalerweise nur bei sichtbarem Licht möglich, weil Glasplatten UV-Licht absorbieren). Zusatzgeräte zu Spektralphotometern für DC-Platten sind im Handel. Für Einzelheiten vgl. *Hezel* 1973, *Baltes* 1969.

Bemerkungen: Sollen farblose Substanzen durch Abkratzen und Eluieren bestimmt werden, so muß ihre Lage im Chromatogramm durch Betrachten im UV-Licht (Fluoreszenz oder -minderung) oder Einwirkenlassen von Joddämpfen ermittelt werden. Gelingt dies nicht, so wird die Analysenmischung mindestens 2mal aufgetragen. Nach der Trennung wird nur eine, zweckmäßig an einem Ende gelegene, Bahn mit einem geeigneten Sprühmittel besprüht, um die Substanz an dieser Stelle sichtbar zu machen. Man schließt aus dieser Lage auf diejenige der noch unbesprühten Substanz und kratzt letztere ab.

Zur quantitativen Bestimmung wird die Dünnschichtchromatographie in der Lebensmittelanalyse vor allem in folgenden Fällen benutzt:

Tab. 9

Substanz	*Literatur*
L-Ascorbinsäure	*Rauscher* (1972), S. 208
Phospholipide	*Wagner* (1961), *Moon* (1973)
Tocopherole	*Rauscher* (1972), S. 475
Vitamin D	*Stahl* (1967), S. 269

Halbquantitativ werden gelegentlich bestimmt:

Substanz	*Literatur*
Aflatoxine	*Rauscher* (1972), S. 523
Herbizide	*Müller* (1973)
Organochlor-Insektizide	*Rauscher* (1972), S. 269; *Müller* (1973)
Organophosphor-Insektizide	*Rauscher* (1972), S. 275; *Müller* (1973)

Quantitative Bestimmungen von Lebensmittelbestandteilen durch Remissions- oder Reflexionsspektralphotometrie nach dünnschichtchromatographischer Trennung sind z. B.:

Substanzen	*Lebensmittel*	*Literatur*
Chinin	Tonic Water	*Hey* (1972)
Coffein, Trigonellin	Kaffee	*Baltes* (1973)
Inosinat	Fleischextrakt	*Baltes* (1970)
Theobromin	Kakao	*Baltes* (1972)

3.9. Chromatographie flüchtiger Stoffe (Alkohole)

Erforderlich: DC-Platte mit Kieselgel G. Normales Zubehör zur DC (vgl. vorstehende Aufgaben). Pipette 1 μl. Scheidetrichter 50 ml. Rundkolben 100 ml. Rückflußkühler. UV-Lampe. Benzol, wasser- und alkoholfrei (mit einem Überschuß von 3,5-Dinitrobenzoylchlorid eine Stunde lang unter Rückfluß kochen und abdestillieren). Lösung von 0,5 g Na_2CO_3 in 50 ml Wasser. 0,1 n-H_2SO_4. Pyridin wasserfrei. Mischung von Methanol/Äthanol/n-Propanol/n-Butanol (1+2+3+4). Fließmittel: Tetrachlorkohlenstoff/Essigsäureäthylester/Cyclohexan (75+15+10). Sprühmittel: Lösung von Rhodamin B (0,05%) in Äthanol. Vergleichssubstanzen: 3,5-Dinitrobenzoate von Methanol, Äthanol, n-Propanol, n-Butanol (analog wie die Analysenmischung hergestellt). 3,5-Dinitrobenzoylchlorid.

Aufgabe: Ein Gemisch von flüchtigen Alkoholen soll nach Überführung in die Dinitrobenzoate entsprechend der Vorschrift von *Randerath* (1965) getrennt werden.

Ausführung: 0,5 ml der Alkoholmischung werden in dem Rundkolben mit 600 mg 3,5-Dinitrobenzoylchlorid, 20 ml wasserfreiem Benzol und 0,2 ml wasserfreiem Pyridin versetzt. Die Mischung wird 30 Minuten am Rückflußkühler zum Sieden erhitzt, nach dem Abkühlen mit 50 ml 0,1 n-H_2SO_4, anschließend mit der Na_2CO_3-Lösung und schließlich mit 50 ml Wasser extrahiert. Die wäßrigen Phasen werden verworfen, die organische Phase im Vakuum zur Trockene eingedampft. Der Rückstand wird in wenigen ml Benzol gelöst. Von dieser Lösung wird 1 μl auf die 30 Minuten bei 110 °C aktivierte DC-Platte aufgetragen. Die Platte soll etwa 10 Minuten nach Herausnehmen aus dem Trockenschrank verwendet werden. Daneben werden die Vergleichssubstanzen aufgetragen. Nach dem Sprühen mit Rhodamin B wird im UV-Licht betrachtet.

Ergebnis: Die Dinitrobenzoate erscheinen als blaue Flecken auf rot fluoreszierender Schicht. Durch Überführung in nichtflüchtige Verbindungen können auf die geschilderte Weise flüchtige Alkohole chromatographiert werden. Flüchtige Aldehyde und Ketone können nach Überführung in ihre 2,4-Dinitrophenylhydrazone chromatographiert werden (vgl. Papierchromatographie, Aufg. 6.5). Man kann sich aber auch die Flüchtigkeit bestimmter Substanzen zunutze machen, indem man sie aus der Analysensubstanz vor der

Chromatographie abtrennt. Dies geschieht am besten mit Hilfe des TAS-Ofens nach *Stahl*. Hierzu wird die Analysensubstanz in einer Patrone erhitzt. Die entweichenden Dämpfe werden direkt auf den Startpunkt einer Dünnschichtplatte geleitet. Auf diese Weise lassen sich z. B. Coffein, Theobromin, Piperin, Vanillin und zahlreiche weitere Aromastoffe vorabtrennen, was eine Verbesserung der nachfolgenden Chromatographie bedeutet bzw. die vorhergehende Isolierung vereinfacht.

4. Gaschromatographie

Vorbemerkung: Es würde den Rahmen dieses Buches sprengen, wenn hier eine vollständige Einführung in die Technik der GC gebracht würde. Zudem sind die verschiedenen in der Praxis verwendeten Typen von Gaschromatographen hinsichtlich der Bedienung unterschiedlich. Die folgenden Versuche, welche die in der Lebensmittelanalytik besonders häufig vorkommenden Operationen demonstrieren sollen, setzen also eine erfolgte Einweisung in die gaschromatographische Arbeitsweise (durch Kurs oder mindestens durch vollständiges Studium einer ausführlichen Gebrauchsanweisung) voraus. Besonders hingewiesen sei aber dennoch auf die nötige Sorgfalt beim Umgang mit den brennbaren oder explosiven Gasen, welche als Träger- oder Brenngas Anwendung finden. Dazu gehört eine oft (am besten täglich) ausgeführte Dichtigkeitsprüfung an Stahlflaschen, Ventilen und Rohrleitungen und z. B. die Prüfung, ob die Flamme im FID tatsächlich brennt.

Eine einfache Prinzipskizze eines Gaschromatographen zeigt die Abb. 14.

4.1. Herstellen einer stationären Phase

Erforderlich: 1 m lange Glassäule, deren Dicke und Biegung (z. B. U-förmig) sich nach den Dimensionen des Gaschromatographen und den Anschlußstellen dort richtet. Glaswolle. Glasstab. Sicherheitsnadel. Rotationsverdampfer. *Woulff*sche Flasche mit Vakuumschlauchanschlüssen. Wasserstrahlpumpe. Trichter (Rohr so dick wie die Glassäule). Becherglas (weite Form) 250 ml. Diäthylhexylsebacinat. Kieselgur für die Gaschromatographie oder Chromosorb R (60/80 mesh). Methylenchlorid.

Aufgabe: Es ist eine Trennsäule für die Gaschromatographie mit 10 % Diäthylhexylsebacinat herzustellen.

Ausführung: Im Becherglas werden 5 g Diäthylhexylsebacinat in etwa 80 ml Methylenchlorid gelöst. Unter Umrühren mit dem Glasstab schüttet man 45 g Kieselgur oder Chromosorb hinein und verrührt gleichmäßig. Dann gibt man die Mischung in den Kolben des Rotationsverdampfers und destilliert das Methylenchlorid bei

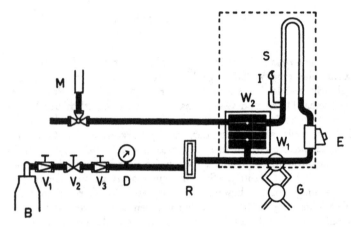

Abb. 14. Prinzipskizze eines einfachen Gaschromatographen mit WLD
und FID.

B = Stahlflasche für Trägergas, $V_1 - V_3$ = Ventile,
D = Druckmesser,
R = Strömungsmesser (Rotameter),
G = Gasprobeneinlaßteil,
E = Einspritzblock,
S = Säule,
I = Flammenionisationsdetektor,
W = Wärmeleitfähigkeitsdetektor (W_1 = Vergleichszelle,
     W_2 = Meßzelle),
M = Seifenblasenströmungsmesser.

langsamer Drehung und nach vorsichtigem Evakuieren bei Zimmertemperatur ab. Steht kein Rotationsverdampfer zur Verfügung, so stellt man das Becherglas unter den Abzug und rührt
gelegentlich um, bis das Methylenchlorid verdampft ist (Geruch
prüfen). Zum Einfüllen des Trägermaterials in die Säule schließt
man diese an einem Ende über einen Vakuumschlauch an die
*Woulff*sche Flasche an. Damit später kein Trägermaterial heraus-
gesaugt wird, verschließt man den an die Säule grenzenden Teil
des Schlauchs mit einem Glaswollepropfen und fixiert diesen durch
eine durch den Schlauch gesteckte Sicherheitsnadel. Auf das andere
Ende der Säule wird über einen kurzen Gummischlauch ein kleiner
Einfülltrichter gesetzt. Unter mäßigem Saugen mit der Wasserstrahlpumpe füllt man das Trägermaterial ein, wobei laufend mit

einem Glasstab o. ä. geklopft wird, damit sich eine gleichmäßige Säulenfüllung bildet. Bei einfach U-förmig gebogenen Säulen kommt man auch oft ohne Wasserstrahlpumpe aus. Man füllt dann jede Seite des U-Rohrs für sich mit dem Einfülltrichter. Klopfen, Rütteln und Aufstoßen der Säule sind aber unumgänglich.

Zum Schluß werden die Enden der Säule mit Glaswollepropfen verschlossen. Die Säule kann jetzt in den Gaschromatographen eingebaut werden, muß aber vor der Benutzung bei der späteren Arbeitstemperatur oder besser einer etwas höheren ausgeheizt werden, bis der Detektor über eine Stunde hinweg eine gleichmäßige Anzeige liefert.

Bemerkung: Die Herstellerfirmen liefern für ihre Gaschromatographen Säulen, welche bereits gepackt sind. Es sind meistens Metallsäulen, welche mit Metallsinterplatten am Ende verschlossen werden. Im allgemeinen sind Glassäulen etwas vorteilhafter, weil katalytische Umsetzungen weitgehend ausgeschlossen sind. Die Herstellung von *Kapillarsäulen* ist komplizierter. Hierzu muß ein Glasrohr in einer Spezialapparatur kapillar ausgezogen und nachher mit einem Pfropfen der stationären Phase durchgeblasen werden. Dies erfordert einige Übung. Die Menge an stationärer Phase bei gepackten Säulen, die auf den Träger aufgebracht wird, kann sehr unterschiedlich sein. Für rein analytische Säulen, vor allem bei Verwendung eines FID nimmt man oft nur 0,5–5 % stationäre Phase, weil dann die Trennleistung besser ist, für präparative Säulen bis 40 %, weil dann die Belastbarkeit größer ist.

4.2. Trennung eines Gemischs. Ermittlung der geeigneten Parameter (Alkohole)

Erforderlich: Einfacher Gaschromatograph mit WLD oder FID als Detektor. Trennsäulen (gefüllt wie in Aufg. 1): 10 % Apiezonfett L, 10 % Diäthylhexylsebacinat, 10 % Polyäthylenglycol 1500 auf Chromosorb oder Kieselgur. Mikroliterspritze 10 μl. Analysenlösung: Methanol/Äthanol/Isopropanol (1+4+5). Methanol. Isopropanol.

Aufgabe: Die geeigneten Bedingungen zur Trennung eines Gemischs von Methanol, Äthanol und Isopropanol sind zu ermitteln.

Ausführung und Ergebnis: Um zunächst die geeignete stationäre Phase zu ermitteln, wird die das wenig polare Apiezonfett enthaltende Säule in den Gaschromatographen eingesetzt. Man spritzt bei Zimmertemperatur und einem Druck des Trägergases (He, bei FID auch N_2) von etwa 1 atü bei mittlerer Empfindlichkeit der Detektorverstärkung 2 μl Isopropanol ein. Auf unpolaren Säulen wird Isopropanol auf Grund seines Siedepunkts voraussichtlich als letztes eluiert. Man notiert sich die Zeit bis zum Auftreten des Peaks. Dann spritzt man bei größerer Empfindlichkeit 2 μl des Gemischs ein und wartet dieselbe Zeit. Wenn keine vollständige Trennung der 3 Substanzen erfolgt, setzt man die das stark polare Polyäthylenglycol enthaltende Säule ein und wiederholt dieselben Operationen, wobei aber diesmal zuerst reines Methanol eingespritzt wird. An polaren Säulenfüllungen wird voraussichtlich die am meisten polare Substanz zuletzt eluiert. Dasselbe wiederholt sich mit der 3. Säule. Man vergleicht die Trennleistungen. Sie sind im letzten Fall am besten, obwohl noch keine vollständige Trennung erfolgt ist. Als weiterer Parameter wird jetzt die Temperatur variiert (Säule: 75 °C, 100 °C, Einspritzblock, wenn möglich, 50 °C höher). Die besten Trennbedingungen findet man bei 75 °C. Deswegen variiert man bei dieser Temperatur noch den Druck des Trägergases (z. B. 0,3 und 0,5 atü). Man wird die beste Trennung bei einer Strömungsgeschwindigkeit von etwa 70 ml/min finden.

Bemerkungen: Auf die geschilderte Weise könnten die 3 Alkohole z. B. in Kosmetika nachgewiesen werden. Weitere in der Lebensmittelanalytik übliche Trennungen (und Bestimmungen) sind:

niedere aliphatische Monocarbonsäuren	*Langner* (1965)
Nitrosamine Übersicht:	*Yeransian* (1973)
Diäthylcarbonat (in Getränken)	*Wunderlich* (1972)
Sterine (im Kakaofett)	*Fincke* (1971)
Triglyceride	*Eckert* (1973)

Die günstigste Säulentemperatur liegt oft zwischen dem Siedepunkt der Analysensubstanz und etwa 50 °C darunter. Bei höheren Temperaturen ist das Trennvermögen der Säule prinzipiell schlechter, bei niedrigeren kann eine Bandenverbreiterung infolge zu langsamen Verdampfens der Substanz oder gar durch Längsdiffusion in der Säule (denn die Zeitdauer wird dann größer) eintreten.

4.3. Quantitative Bestimmung (Methanol in n-Propanol)

Erforderlich: Einfacher Gaschromatograph mit WLD oder FID. Säule mit 20 % Diäthylhexylsebacinat. Mikroliterspritze 10 μl. Polarplanimeter. Elektrischer Integrator. Halbmikrowaage. Analysenlösung: Methanol/n-Propanol (beliebiges Verhältnis, z. B. 3+7 V/V). Mischungen von Methanol und Propanol V/V 2+8, 4+6, 6+4, 8+2.

Aufgabe: Der Gehalt einer propanolischen Lösung an Methanol ist zu bestimmen. Dabei sollen verschiedene Meßverfahren verglichen werden. Als innerer Standard ist Äthanol zu verwenden.

Ausführung: Zunächst wird die Gültigkeit einer linearen Beziehung zwischen der Konz. an Methanol und dem Peakflächen-Verhältnis Methanol : Äthanol überprüft. Hierzu werden je 90 ml der Methanol/Propanol-Mischungen mit je 10 ml Äthanol versetzt. Von jedem Gemisch werden bei 75 °C und einem Trägergasdruck von etwa 0,5 atü je 5 μl 3mal eingespritzt und getrennt, wobei die Flächen mit dem Integrator gemessen werden. Die Einspritzpunkte sind auf dem Schreiberpapier zu markieren. Aus den Mittelwerten der Integratoranzeigen berechnet man die Flächenverhältnisse Methanol : Äthanol (F_1, F_2...) und trägt sie auf der Ordinate graphisch gegen die Methanolgehalte (M_1, M_2...) in % auf. Es soll sich eine Gerade ergeben, deren Steigung $S = \frac{F}{M}$ berechnet wird. Dann setzt man dem Analysengemisch 10 % Äthanol als „innerem Standard" zu, indem man 10 ml mit 90 ml der Analysenlösung mischt. Von diesem Gemisch werden ebenfalls je 5 μl 3mal eingespritzt und getrennt. Aus den Mittelwerten der Integratoranzeigen berechnet sich der gesuchte Gehalt G nach der Formel

$$G = \frac{M_x}{A_x \cdot S} \text{ (Vol. \%).}$$

Dabei bedeuten

M_x = Peakfläche des Methanols bei der Analysenlösung
A_x = Peakfläche des Äthanols bei der Analysenlösung.

Die Flächen aller Peaks werden auch auf folgende Weise ermittelt:

1. Man umfährt die Peaks je 10mal mit dem Planimeter,
2. Man mißt die Höhe jedes Peaks (Lot von seiner Spitze auf die Nullinie fällen) und multipliziert sie mit der Breite an der halben Höhe,
3. Man schneidet die Peaks aus und wiegt sie auf einer Halbmikrowaage. Im vorliegenden Fall ist es nicht nötig, aus den Gewichten die Flächen zu berechnen. Dies ist durch Wiegen einer ausgeschnittenen Fläche von bekannter Größe (z. B. 10 cm^2) und Umrechnen aber leicht möglich.

Weiterhin ermittelt man G aus den Höhen der Peaks allein und aus den Produkten aus Höhe und Abstand des Peakmaximums zum Einspritzpunkt.

Aus allen Werten, die mit demselben Verfahren (also z. B. Halbwertsbreite mal Höhe) erhalten wurden, wird die relative Standardabweichung berechnet (dafür liegen 3mal 15 Werte vor). Man benutzt die Formel

$$s = \sqrt{\frac{\sum \left[\frac{(x_i - \bar{x}) \cdot 100}{\bar{x}}\right]^2}{44}}$$

und zieht dabei von den einzelnen Analysenwerten x_i jeweils den aus den 3 zusammengehörenden Werten gebildeten Mittelwert $\bar{x}$ ab.

Ergebnis: Bei einem Versuch wurden folgende relative Standardabweichungen gefunden: Planimeter 2,7 %, Halbwertsbreite mal Höhe 3,8 %, Wiegen 2,9 %, Höhe allein 2,1 %, Höhe mal Abstand vom Einspritzpunkt 2,5 %. Die Reproduzierbarkeit von Integratorwerten ist meistens besser (die Standardabweichung also kleiner), doch kann der Wert je nach Art des verwendeten Integrators sehr unterschiedlich sein. Auch die anderen Werte werden nur zur groben Information angegeben. Je nach Güte des Arbeitens, Breite der Peaks, Art des Planimeters usw. können sie anders ausfallen.

Bemerkungen: Der Peak des inneren Standards soll möglichst nahe bei der zu bestimmenden Substanz liegen (bei mehreren Substanzen etwa in der Mitte), darf sich aber mit keinem anderen Peak überlappen. Als Hilfsmethode bei zwei sich überlappenden, etwa gleich großen Peaks (nicht ideal!) kann von der Mulde zwischen den Peakmaxima aus das Lot auf die Grundlinie gefällt werden. Durch die Mitte dieses Lots zieht man die beiden Peaks bis zur Grundlinie durch und kann dann die Fläche messen. Liegt ein kleiner Peak auf einem großen, so kann man den großen nach

Augenmaß für sich allein zeichnen und betrachtet die darüber befindliche Fläche als zu dem kleinen Peak gehörig (vgl. Abb. 16). Dies sind aber nur Näherungsmethoden. Besser ist es, durch entsprechende Wahl der gaschromatographischen Parameter die Peaks vollständig voneinander zu trennen.

Beispiele für quantitative Bestimmungen mit innerem Standard in der Lebensmittelanalytik sind:

Tab. 10

Alkaloide im Tabak	mit Chinolin	(*Busch* 1972)
Coffein im Instant-Tee	mit Pentobarbital	(*AOAC* 1970)
Cumarin in weinhaltigen Getränken	mit Dihydrocumarin	(*Olschimke* 1973)

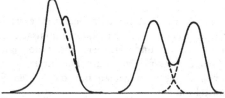

Abb. 15. Hilfslinien (.....) zur Bestimmung überlappender Peaks.

Eine weitere Möglichkeit bietet die Zumisch-Methode (vgl. z. B. *Olschimke* 1973): Man fertigt 2 Chromatogramme an und gibt dem einen eine bekannte Menge des zu bestimmenden Stoffes zu. Aus der Relation beider Werte für letzteren und der Größe des Peaks einer weiteren, bei beiden Bestimmungen in gleicher Konzentration vorhandenen Vergleichssubstanz ergibt sich die gesuchte Konzentration.

4.4. Vergleich verschiedener Detektoren (Schädlingsbekämpfungsmittel)

Erforderlich: 1 Gaschromatograph oder mehrere, mit möglichst vielen verschiedenen Detektoren (WLD, FID, Elektroneneinfangdetektor, Halogen-Phosphor-Detektor). Mikroliterspritze 10 μl. Analysenlösung: 1 mg Lindan, 1 mg Dieldrin und 1 mg Naphthalin in 10 ml Benzol p. a. (letzteres gereinigt und entwässert durch

79

Chromatographie an einer Säule mit Al_2O_3 neutral, Aktivität 1, vgl. SC, Aufgabe 7.2). Benzol, ebenso gereinigt. Glassäule, 1 m, mit 5 % Siliconfett Dow 11 auf Chromosorb W 60/80 mesh.

Aufgabe: Die Nachweisempfindlichkeit verschiedener Detektoren soll an einem Gemisch aus Schädlingsbekämpfungsmitteln und Kohlenwasserstoffen erprobt werden.

Ausführung: Der Gaschromatograph wird auf 190 °C geheizt. Bei einer Strömungsgeschwindigkeit von ungefähr 40 ml/min werden bei Verwendung des Wärmeleitfähigkeits-Detektors und des Flammenionisationsdetektors 5 μl der Analysenlösung eingespritzt. Dann wird diese 1:1000 mit Benzol verdünnt. 5 μl dieser Verdünnung werden bei Verwendung der übrigen Detektoren eingespritzt. Die Empfindlichkeit der Anzeige wird so eingestellt, daß jeweils alle Peaks ganz aufgenommen werden. Die Höhe der Peaks wird dann auf die größte Empfindlichkeit und die verdünnte Analysenlösung umgerechnet.

Ergebnis: Der Wärmeleitfähigkeits-Detektor liefert die schwächste Anzeige, zeigt aber ebenso wie der Flammenionisationsdetektor alle Analysensubstanzen an und darüber hinaus normalerweise noch eine kleine Menge eingespritzter Luft. Die für Halogenverbindungen spezifischen Detektoren zeigen nur die beiden Schädlingsbekämpfungsmittel an.

4.5. Retentionsvolumina. Beziehung zu den C-Zahlen

Erforderlich: Einfacher Gaschromatograph mit WLD. Säule und Zubehör wie bei Aufg. 4.3. Methanol/Äthanol/n-Propanol/n-Butanol (1+2+3+4). Millimeterpapier, halblogarithmisch geteilt. Seifenblasen-Strömungsmesser, evtl. nach Abb. 15 selbst hergestellt (zur Erzeugung der Seifenblase die mit Seifenlösung gefüllte Polyäthylenflasche zusammendrücken). Stoppuhr.

Aufgabe: Es ist zu prüfen, ob sich beim Auftragen der log Vg-Werte einer homologen Reihe von Alkoholen gegen die C-Zahlen eine Gerade ergibt.

Ausführung: Unter den in Aufg. 4.3 beschriebenen Bedingungen werden 5 μl des Alkoholgemischs getrennt. Beim Einspritzen soll etwas Luft mit eingespritzt werden, was meistens sowieso der Fall ist. Während der Trennung wird der Seifenblasen-Strömungsmesser an das Säulenende angebracht. Man mißt den Trägergas-

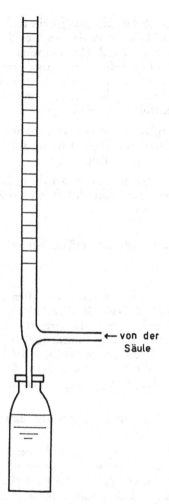

← von der
Säule

Abb. 16. Seifenblasenströmungsmesser.

Mengenstrom (ml/min), indem man eine Seifenblase erzeugt und
mit der Stoppuhr die Zeit bestimmt, welche die Seifenblase zum
Aufsteigen über ein bestimmtes Volumen braucht. Man mißt auf
dem Chromatogramm die Entfernungen zwischen dem Luftpeak

und den jeweiligen Substanzpeaks (jeweils im Maximum) und berechnet dann mit Hilfe des Papiervorschubs die einzelnen Retentionszeiten t_r (in min). Durch Multiplikation mit dem Trägergas-Mengenstrom erhält man die Retentionsvolumina V_r (in ml). Auf der linearen Achse des halblogarithmischen Papiers werden die C-Zahlen der Alkohole, auf der logarithmischen Achse die dazu gehörigen Retentionsvolumina aufgetragen.

Ergebnis: Es ergibt sich eine Gerade, von der nur der Wert für Methanol etwas abweicht. Dies ist meistens bei den Anfangsgliedern homologer Reihen der Fall.

Bemerkung: Auf Grund dieser Beziehung können unbekannte Glieder einer homologen Reihe identifiziert werden, wenn die Lage der Gerade bekannt ist.

4.6. Trennung nicht- oder schwerflüchtiger Substanzen

4.6.1. Zucker

Erforderlich: Gaschromatograph mit Temperaturprogrammierung. Säule mit 3 % Dexsil 300 (Supelco) auf Varaport 30, 100 bis 120 mesh (Varian). Mikroliterspritze 10 μl. Schraubdeckelglas (5 ml). Pyridin, wasserfrei. Hexamethyldisilazan. Trimethylchlorsilan. Arabinose, Glucose, Saccharose sowie deren Mischung zu gleichen Teilen und eine wäßrige Lösung dieser Mischung, welche nach Zusatz eines Tropfens konzentrierter Ammoniaklösung gefriergetrocknet wurde.

Aufgabe: Das Zuckergemisch soll gaschromatographisch getrennt werden.

Ausführung: Etwa 30 mg des Gemischs werden in dem Schraubdeckelglas in 1 ml Pyridin suspendiert. Dann setzt man 0,2 ml Hexamethyldisilazan und 0,1 ml Trimethylchlorsilan zu, schüttelt 30 Sekunden lang und läßt noch 5 Minuten lang stehen. Dann werden von der überstehenden Lösung 10 μl bei einem Temperaturprogramm von 135–270 °C (12 °C/min) in den Gaschromatographen eingespritzt. Dasselbe geschieht mit je 10 mg der einzelnen Zucker und mit 30 mg der gefriergetrockneten Lösung.

Ergebnis: Die Trimethylsilyläther der Zucker treten aus der Säule entsprechend ihrer Flüchtigkeit aus, also in der Reihenfolge Arabinose, Glucose, Saccharose. Beim gefriergetrockneten Produkt

geben die ersten beiden Zuckern je 2 Peaks, welche jeweils vom
α- und β-Anomeren stammen. Bei der Glucose erscheint das α-Ano-
mere (kugeligere Molekülgestalt) zuerst.

4.6.2. Fettsäure-Methylester

Erforderlich: Gaschromatograph mit FID. Trennsäule mit 10 %
Apiezonfett L. Mikroliterspritze 10 μl. Kleines Schliffkölbchen mit
Rückflußkühler. Stativ usw. Reagensglas. Pflanzenöl, z. B. Erdnußöl. Methanol, wasserfrei. Natriummethylatlösung: 1 g Natrium in
100 ml Methanol unter Kühlung mit Eiswasser auflösen. Benzol.
Ionenaustauscher: 20 g Dowex WX 8 20/50 mesh, H+-Form,
werden in eine Säule gegeben und mit 100 ml wasserfreiem Methanol überschichtet, welches man anschließend langsam durchfließen
läßt. Lösung von Phenolphthalein in Äthanol. Methylester von
Palmitin-, Stearin-, Öl- und Linolsäure.

Aufgabe: Die Fettsäuren eines Pflanzenöls sollen nach *Hadorn*
(1967) als Methylester getrennt werden.

Ausführung: 0,5 g des Öls werden in dem Schliffkölbchen mit
3,5 ml Methanol, 1 ml Benzol und 0,5 ml Natriummethylatlösung
eine Stunde lang zum Sieden erhitzt. Nach dem Abkühlen auf
Zimmertemperatur wird etwa 1 g Ionenaustauscher zugegeben und
das Kölbchen sofort verschlossen. Es wird eine Minute lang geschüttelt. Ein Tropfen der überstehenden Lösung wird mit Wasser
verdünnt und mit Phenolphthaleinlösung versetzt. Färbt sich die
Lösung rot, so wird noch länger geschüttelt, bis eine Probe gegen
Phenolphthalein neutral reagiert. Dann werden 5 μl der überstehenden Lösung in den auf 200 °C geheizten Gaschromatographen eingespritzt (Trägergasdruck etwa 1 atü). Dasselbe geschieht
zum Vergleich mit je 0,5–1 μl der reinen Methylester.

Bemerkung: Schwerflüchtige thermostabile Substanzen könnten
auch bei 300–400 °C ohne Derivatbildung chromatographiert werden. Während einige stationäre Phasen hierfür zur Verfügung
stehen, halten die üblichen Einspritzgummis diese Temperatur nicht
lange aus. In diesem Fall helfen spezielle Eingabesysteme. Bei demjenigen der Fa. Bodenseewerk Perkin-Elmer wird die, z. B. auch
feste, Substanz in eine kleine Kapsel aus Metallfolie eingefüllt und
automatisch in den Einspritzblock gebracht. Dieses System kann

auch zur Vortrennung von flüchtigen Lösungsmitteln benutzt werden.

Zur Trennung von Fettsäuremethylestern eignen sich ferner gut z. B. 3–10 % Silar®-5 CP oder EGSP-Z (Polymeres aus Äthylensuccinat mit Phenylsilicongruppen) auf Gas-Chrom Q (spezielles Kieselgur, silanisiert), 10 % EGSS-X (ähnliches Polymeres mit Methylsilicongruppen) auf Gas-Chrom P (spezielles Kieselgur, alle diese Produkte von Applied Science Lab.), ferner 10 % Polyäthylenglykolsuccinat auf säuregewaschenem und mit Dimethylchlorsilan behandeltem Chromosorb W. Die Temperaturen sollten zwischen 160 und 180 °C liegen, empfohlen wird auch die temperaturprogrammierte GC (80–200 °C, *Müller* 1973)

Für die GC geeignete Derivate sind ferner: Methyl-, Butyl- oder Propylester von anderen organischen Säuren (Konservierungsmittel; Milch- und Bernsteinsäure in verdorbenen Eiern), Dichlor- oder Trifluoracetylester von Diäthylstilböstrol, N-Trifluoracetyl-n-butylester von Aminosäuren, Trimethylsilyläther von Phenolen (Antioxydantien, Polyphenolen wie z. B. Flavanolen, Diäthylstilböstrol) und von Vitaminen, welche OH-Gruppen enthalten.

4.7. Kopfraum-Analyse (Aromastoffe)

Erforderlich: Gaschromatograph mit FID. Trennsäule: 10 % Diäthylhexylsebacinat auf Chromosorb®. 6 Ampullenflaschen (z. B. nach *Schmitt*, Fa. B. Braun, Melsungen) oder andere Glasflaschen mit Gummiverschluß, welcher von einer Kanüle durchstoßen werden kann, 100 ml. Gasdichte Injektionsspritze 2 ml. Mikroliterspritze 50 μl. Trockenschrank. Mischung von 0,6 ml Acetaldehyd, 1,0 ml Aceton, 0,5 ml Essigsäureäthylester und 6,0 ml Äthanol, frisch bereitet, sowie eine Lösung derselben Mengen in 1 Liter Wasser. Natriumsulfat (wasserfrei). Kationenaustauscher, nach Aufg. 5.6, Ionenaustausch, regeneriert. Lösung von 1 g 2,4-Dinitrophenylhydrazin in der warmen Mischung von 26,6 ml Wasser und 12 ml konzentrierter Schwefelsäure, welcher nach dem Auflösen noch 28,1 ml Wasser zugegeben wurden. Konz. Schwefelsäure.

Aufgabe: Eine wäßrige Lösung von 4 einfachen Aromastoffen soll durch Kopfraumanalyse (Dampfraum-, Headspace-Analyse) untersucht werden. Eine Voridentifizierung durch Gruppenreaktionen auf Carbonylverbindungen und Ester ist auszuführen.

Ausführung: In die einzelnen Ampullenflaschen werden eingefüllt: Flasche 1: etwa 1 g Ionenaustauscher. Flasche 2: 10 ml Dinitrophenylhydrazinlösung. Flasche 3: Mischung von 1,8 ml konz. H_2SO_4 und 8,2 ml Wasser. Flasche 4: 13 g Natriumsulfat. Dann werden in alle 6 Flaschen je 20 ml der wäßrigen Aromastofflösung eingefüllt, wobei jeweils sofort gasdicht verschlossen wird. Die Stopfen sind zu befestigen. Die Flaschen 1–4 werden vorsichtig umgeschwenkt. Die Flaschen 1 und 5 werden zwei Stunden im Trockenschrank bei 70 °C erhitzt und dann auf Zimmertemperatur abgekühlt. Die Flaschen 2 und 3 werden einige Stunden bei Kühlschranktemperatur aufbewahrt. Aus allen Ampullenflaschen werden, wenn sie Zimmertemperatur angenommen haben, mit der gasdichten Spritze Gasproben von je 2 ml entnommen und in den Gaschromatographen eingespritzt (Zimmertemperatur, Trägergasdruck etwa 0,5 atü). Zum Vergleich werden 50 μl der wäßrigen Lösung und 2–3 μl der wasserfreien Mischung eingespritzt.

Ergebnis: Während nach dem Einspritzen der wäßrigen Lösung die Aromastoffe nur schlecht nachgewiesen werden können (außerdem besteht Gefahr, daß die Flamme gelöscht wird), ergibt die Kopfraumanalyse über der reinen wäßrigen Lösung 4 Peaks, welche aber andere Fleckenverhältnisse zeigen als diejenigen, welche nach Einspritzen der wasserfreien Mischung erhalten wurden, denn die Wasserlöslichkeit der einzelnen Aromastoffe ist unterschiedlich. Die Aromastoffgehalte im Gasraum entsprechen denjenigen, welche unsere Nase wahrnimmt, weshalb die Kopfraumanalyse wichtig für den Vergleich mit sensorischen Methoden ist. Liegen nur geringe Gehalte an flüchtigen Stoffen vor, so tritt die Adsorption an den Gummi- oder Siliconstopfen merkbar in Erscheinung. Auch bei vorliegendem Versuch ist es günstig, die Einstellung des Gleichgewichts abzuwarten (bei Zimmertemperatur mindestens 1 Stunde). Durch Zusatz von Natriumsulfat erhöhen sich die Peaks, d. h. die Aromastoffe werden „ausgesalzen". In der Flasche 1 wird Essigester durch den sauren Ionenaustauscher hydrolysiert, so daß sich nachher der Peak Nr. 3 verkleinert, der Peak Nr. 4 vergrößert. Die gebildete Essigsäure ist bei Zimmertemperatur schlecht nachweisbar, weil der Peak erst sehr viel später erscheint. Erhöht man aber die Temperatur vom Erscheinen des 4. Peaks ab, z. B. möglichst rasch auf 100 °C, so erscheint sie als sehr kleiner Peak. Nach Zusatz von Dinitrophenylhydrazin werden die beiden Carbonylverbindungen in schwerflüchtige Dinitrophenylhydrazone überführt. Peak Nr. 1 (Acetaldehyd) und Nr. 2 (Aceton) werden verkleinert. Geringe Mengen der freien Carbonylverbindungen bleiben im Gleichgewicht erhalten.

Bemerkung: Weitere Gruppenreaktionen sind: Entfernen der Säuren mit $NaHCO_3$, der Mercaptane mit $HgCl_2$, der Alkohole (aus wasserfreien Mischungen) mit Dinitrobenzoylchlorid. Das Analysengemisch kann natürlich auch hydriert ($LiBH_4$ oder Pt/H_2) oder oxydiert ($KMnO_4$) werden, worauf sich die Aromastoffzusammensetzung in charakteristischer Weise ändert.

Die Kopfraumanalyse wird routinemäßig auch bei der Blutalkoholbestimmung angewandt. Sie findet ferner Verwendung bei der Bestimmung von Cyclamat als Cyclohexen (*Groebel* 1972). Zur Identifizierung gaschromatographisch getrennter Aromastoffe aus Lebensmitteln eignet sich vor allem die Kombination mit einem Massenspektrometer.

4.8. Anreicherung von Spurenbestandteilen (Kaffeearoma)

Erforderlich: Gaschromatograph mit FID und Gasproben-Einlaßteil (z. B. Gasschleife, Gasdosierhahn). Kapillarsäule, beschichtet mit Polyäthylenglykol, 50 m. Stickstoff-Stahlflasche. 2 Umlaufthermostaten. 2 Gaswaschflaschen. Heizbare Chromatographiesäule für SC (notfalls Liebigkühler). Schlangenkühler. Dewar-Gefäß. U-Rohr, in dieses passend, zu $^2/_3$ mit kleinen Glaskügelchen gefüllt. Großes Becherglas. Meßzylinder 100 ml. Stoppuhr. Etwa 12 g Bohnenkaffee, geröstet und gemahlen. Eiswürfel, Flüssiger Stickstoff.

Aufgabe: Die Bestandteile des Kaffeearomas sollen in Anlehnung an *Rhoades* (1958) angereichert und gaschromatographisch getrennt werden.

Ausführung: Es werden hintereinander geschaltet: Die Stickstoffbombe, eine Waschflasche, beschickt mit Wasser, welche sich in einem Thermostaten befindet, die heizbare Säule (aufsteigend), der Schlangenkühler (absteigend), die zweite Waschflasche als Sammelgefäß für Kondenswasser, das U-Rohr, und schließlich der als Strömungsmesser dienende Meßzylinder, welcher mit Wasser gefüllt und umgekehrt in das (ebenfalls mit Wasser gefüllte) große Becherglas getaucht wird. Die Verbindung der Glasrohre soll entweder durch Schliff oder durch möglichst kurze Kunststoffschläuche erfolgen. In die heizbare Säule werden ein Glaswollebausch und der Kaffee eingefüllt. Diese Säule wird von dem ersten, auf 95 °C gestellten Thermostaten beheizt, der Schlangenkühler von dem zweiten Thermostaten, welcher mit Wasser und Eisstücken gefüllt ist, gekühlt. Das U-Rohr wird in das mit flüssigem Stickstoff gefüllte Dewar-Gefäß eingetaucht. Nun leitet man mit einer Strömungsgeschwindigkeit von etwa 50 ml/min eine Stunde lang Stickstoff durch die Apparatur. Dann wird die Verbindung zwischen Wasserflasche und U-Rohr durch eine Schraubklemme unterbrochen. Das andere Ende des U-Rohrs wird mit dem Gasproben-Einlaßteil des Gaschromatographen verbunden, sofern dieses frei in der Luft endet. Das Dewar-Gefäß wird entfernt und das U-Rohr so lange bei Zimmertemperatur belassen, bis die sich an der Außenseite bildende Eisschicht wieder geschmolzen ist. Das entweichende CO_2 führt nur wenig Aromastoffe mit sich. Anschließend taucht man das U-Rohr in das mit Wasser von 60 °C gefüllte Dewar-Gefäß und leitet gleichzeitig über eine getrocknete Waschflasche soviel ml Stickstoff durch, wie es ungefähr dem Volumen des U-Rohrs und dem Totvolumen zwischen U-Rohr und Gasproben-Einlaßteil entspricht. Diese Gasmenge wird über das Gasproben-Einlaßteil auf einmal in den Gaschromatographen eingegeben und aufgetrennt (Zimmertemperatur, Trägergasdruck etwa 1 atü).

Ergebnis: Bei sorgfältigem Arbeiten und guter Kapillarsäule werden über 80 Peaks erhalten. Insgesamt wurden bis jetzt über 450 Aromastoffe im Kaffee identifiziert.

Bemerkungen: Die Glaskügelchen im U-Rohr dienen zur Vergrößerung der Oberfläche, weil sonst das eine U-Rohr zur Kondensation der Aromastoffe und des restlichen Wassers nicht ausreichen würde. Außerdem kondensiert CO_2. Dieses und das Wasser stören bei Verwendung des FID nicht, weil sie nicht angezeigt werden. Oft verwendet man statt eines solchen U-Rohrs eine mit stationärer Phase gefüllte Chromatographiesäule. Man nennt sie „Vorsäule". Besonders günstig soll die Einrichtung eines Temperaturgradienten längs dieser Säule beim Kühlen und Erwärmen sein (*KAISER* 1973 a). Kombinationen von Anreicherung und Trennung in derselben Säule liegen bei der Tieftemperatur-GC (TTGC) und der Reversions-GC vor (vgl. *Kaiser* 1973).

5. Ionenaustausch

5.1. Charakterisierung eines Ionenaustauschers

Erforderlich: 2 Reagensgläser, Bürette 50 ml. Pyknometer 50 ml. Meßzylinder 10 ml. Pipette 5 ml. Wägeglas, kleine Bechergläser. Trichter mit Filter. Schütteltrichter 1 Liter. Erlenmeyerkolben 250 ml, 1 Liter. Stativ mit Klammer. Unbekannter Ionenaustauscher, 24 Stunden in Wasser gequollen. pH-Papier. Große Filtrierpapierbogen. 1 n-HCl. 1 n-NaOH. 1 n-HNO₃. HCl. NaOH. NaCl.

Aufgabe: Die Art eines unbekannten Ionenaustauschers (Kationen- oder Anionenaustauschers) ist festzustellen. Es sind zu ermitteln: Austauschkapazität (in mval/g), Dichte, Schüttgewicht, Zwischenvolumen und durchschnittlicher Kornradius.

Ausführung: Art des Austauschers. Kleine Proben des Austauschers werden in den Reagensgläsern mit HCl (5–10 %) bzw. NaOH (5–10 %) unter gelegentlichem Umschütteln 5 Minuten stehengelassen. Dann werden die überstehenden Lösungen abdekantiert und der Ionenaustauscher durch Dekantieren mit viel Wasser gewaschen, bis der Ablauf neutral reagiert. Zum Schluß soll das Wasser etwa 5 Minuten über dem Austauscher stehen. Nach dem letzten Dekantieren wird in beide Reagensgläser Natriumchloridlösung (ungefähr 5 %) zugegeben und das pH der Lösung bestimmt.

Austauschkapazität: (vgl. *Dorfner* 1970). Vom Kationenaustauscher werden 5 g auf das im Trichter befindliche Filter gegeben. Dann läßt man aus dem Schütteltrichter 1 Liter 1 n-HNO₃ langsam darauf tropfen, so daß aber der Ionenaustauscher mit Flüssigkeit bedeckt ist. Anschließend wird mit dest. Wasser neutral gewaschen und oberflächlich zwischen 2 Filtrierpapierbogen getrocknet. Etwa 1 g (Einwaage E) werden in einem 250 ml Erlenmeyerkolben mit 200 ml 0,1 n-NaOH, welcher 10 g Natriumchlorid zugesetzt sind, über Nacht stehengelassen. 50 ml der überstehenden Lösung werden mit 0,1 n-H_2SO_4 gegen Phenolphthalein zurücktitriert (verbrauchte ml = V). Die Kapazität K in mval/g des gequollenen Austauschers berechnet sich nach der Formel

$$K = \frac{20 - 0,4 \cdot V}{E}$$

Zur Bestimmung der Kapazität eines Anionenaustauschers werden 10 g ähnlich wie beim Kationenaustauscher im Trichter mit 1 Liter 1 n-HCl in die Chloridform überführt. Man wäscht mit Alkohol gegen Methylorange neutral, wiegt 5 g dieser Probe genau und behandelt sie in einem neuen Trichter mit 1000 ml 4%iger Natriumsulfatlösung. 100 ml des Ablaufs werden mit 0,1 n-Silbernitratlösung titriert (Kaliumchromat als Indikator). Die Kapazität berechnet sich dann nach der Formel $K = \dfrac{V}{E}$.

Dichte: Etwa 10 g des gequollenen und oberflächlich zwischen Filtrierpapier getrockneten Austauschers (genau gewogen, Gewicht $= \overline{Q}$) werden in ein 50-ml-Pyknometer eingefüllt. Nach Auffüllen mit Wasser zur Marke wird genau gewogen. Die Dichte des gequollenen Austauschers berechnet sich nach der Formel

$$\overline{d} = \frac{\overline{Q}}{V_p - Q_p + \overline{Q}}$$

Dabei bedeutet

$V_p =$ Volumen des Pyknometers
(durch Blindmessung zu bestimmen),

$Q_p =$ Gewicht des Pyknometer-Inhalts.

Schüttgewicht. Zwischenvolumen: Etwa 5 g des oberflächlich getrockneten Austauschers werden in einen Meßzylinder eingewogen (Einwaage $= \overline{m}$), welcher anschließend mit Wasser gefüllt wird. Nach Entfernen aller Luftblasen und häufigem leichtem Rütteln und Klopfen, bis keine Volumenänderung der Austauscherschicht mehr stattfindet, wird das Schüttvolumen V_s abgelesen. Nun wird das überstehende Wasser mit einer Pipette bis scharf am oberen Rand abgezogen und der Meßzylinder mit Inhalt gewogen (Gewicht G). Schüttgewicht $\overline{d}_s$ und Zwischenvolumen $\overline{\sigma}$ errechnen sich nach den Formeln

$$\overline{d}_s = \frac{\overline{m}}{\overline{V}_s} \qquad\qquad \overline{\sigma} = \frac{G - \overline{m} - G_0}{\overline{V}_s}$$

wobei $G_0 =$ Leergewicht des Meßzylinders bedeutet.

Durchschnittlicher Kornradius: Etwa 0,2 g des mit Fließpapier oberflächlich getrockneten Austauschers werden in einem Wägeglas genau gewogen; die Anzahl der Kügelchen wird abgezählt. Der Kornradius berechnet sich dann gemäß

$$\varrho = \sqrt[3]{\frac{3\,W}{4\,N\,\overline{d}\,\pi}}$$

Dabei bedeutet W = Gesamtgewicht der Körner,
N = Anzahl der Körner.

5.2. Abtrennung ionisierter Substanzen aus einem Lebensmittel (Säuren aus Wein)

Erforderlich: Glassäule: Länge 50 cm, Durchmesser 1,5 cm. 2 Erlenmeyer 250 ml. Glasstab. Meßzylinder 10 ml. Stoppuhr. Rotationsverdampfer. Zubehör zur DC. Glaswolle. Dünnschichtplatte mit Avicel®. 20 ml Anionenaustauscher Dowex 1 x 2 (20–50 mesh), 60 ml Kationenaustauscher Dowex 50 W 20/50. 1 n-HCl. 2 n-NaOH. 4 n-Essigsäure. 20 ml Wein. 2,5 n-Essigsäure, Ammoniaklösung (5 %). Kleine Mengen von: Bernsteinsäure, Milchsäure, Galakturonsäure, Äpfelsäure, Citronensäure, Weinsäure.

Fließmittel: n-Amylalkohol/Ameisensäure/Wasser (48,8 + 48,8 + 2,4). Bromkresolgrünlösung (vgl. Aufg. 3.5.1., Dünnschichtchromatographie).

Aufgabe: Die im Wein enthaltenen Säuren sollen in Anlehnung an die EG-Methode (*Francke* 1971) abgetrennt werden.

Ausführung: In das Glasrohr wird ein Glaswollebausch mit Hilfe des Glasstabs eingeführt. Dann gießt man etwas Wasser hinein und entfernt die Luftblasen mit Hilfe des Glasstabs. Nach Einfüllen des Anionenaustauschers, wobei etwa verbliebene Luftblasen ebenfalls entfernt werden sollen, läßt man das überschüssige Wasser abtropfen und gießt 100 ml Salzsäure auf. Sie wird mit einer Tropfgeschwindigkeit von etwa 10 Tropfen/min durchgeschickt. Darauf folgt in gleicher Weise 100 ml Natronlauge und dann 50 ml Wasser. Sobald die ersten ml Wasser die Säule durchlaufen, wird der durch die Lauge gequollene Austauscher mit Hilfe des Glasstabs aufgerührt, damit ein Verstopfen der Säule verhindert wird. Jetzt folgen 250 ml 4 n-Essigsäure, wodurch der Austauscher in seine Acetatform übergeführt wird. Zum Schluß wird mit

100 ml Wasser nachgewaschen. Dann gibt man den Wein bei einer Durchlaufgeschwindigkeit von 1,5 ml/min auf. Diese wird mit Hilfe eines Meßzylinders und einer Stoppuhr gemessen. Sodann gibt man 3 mal 20 ml Wasser durch. Die am Austauscher sorbierten Säuren werden in zwei Fraktionen eluiert und getrennt aufgefangen, und zwar zuerst mit 200 ml 2,5 n-Essigsäure (Fraktion 1), dann mit 100 ml Ammoniaklösung (Fraktion 2). Dabei ist die oben angegebene Durchlaufgeschwindigkeit beizubehalten. Bei allen diesen Arbeitsgängen ist stets darauf zu achten, daß die Ionenaustauscherpackung nie trockenläuft. Aus diesem Grund läßt man die eine Flüssigkeit nur eben bis zur Oberfläche ablaufen, und füllt dann die andere nach. Notfalls müssen eingedrungene Luftblasen mit Hilfe des Glasstabs entfernt werden.

Die Fraktion 1 wird am Rotationsverdampfer bei ungefähr 50 °C im Vakuum auf etwa 5 ml eingeengt. Die zweite Fraktion gibt man vor dem Einengen über 20 ml stark sauren Kationenaustauscher, welcher in analoger Weise wie beim Anionenaustauscher beschrieben nur mit Salzsäure (nicht mit NaOH) regeneriert und mit 50 ml destilliertem Wasser gewaschen wird.

Nach Durchtropfenlassen der Fraktion 2 wird mit 50 ml Wasser nachgespült, welches mit der Fraktion 2 vereinigt wird. Das Einengen dieser jetzt ammoniumsalzfreien Fraktion erfolgt ebenfalls am Rotationsverdampfer. Die in den beiden Fraktionen enthaltenen Säuren werden dünnschichtchromatographisch aufgetrennt, wobei die unter „Erforderlich" angegebenen Säuren als Vergleichssubstanzen in Wasser gelöst mit aufgetragen werden. Man arbeitet eindimensional (vgl. Aufg. 3.5.1.).

Ergebnis: Die Fraktion 1 enthält alle angegebenen Säuren, die Fraktion 2 den Rest der Citronensäure und Weinsäure.

Bemerkungen: Ist der Anionenaustauscher rein, so genügt auch 24stündiges Aufbewahren in 4 n-Essigsäure und Waschen mit 100 ml Wasser statt der angegebenen Regenerierung. Eine Abtrennung ionisierter Substanzen aus Lebensmitteln erfolgt z. B. in folgenden Fällen:

	Literatur
Gluconsäure (aus Glucono-δ-lacton) aus Fleisch	Handbuch der Lebensmittelchemie Bd. III/2, 1219 (1968)
Thiamin u. a. Vitamine	ibid. Bd. II/2

5.3. Vollentsalzung von Leitungswasser

Erforderlich: 2 Glassäulen mit 2,5 cm innerem Durchmesser, etwa 40 cm lang. Glaswolle. Glasstab. 2 Trichter. Filter. Stativ mit Klammer. 2 Scheidetrichter 1 Liter. Mehrere Erlenmeyer 250 ml, 1000 ml. Leitfähigkeitsmeßgerät (z. B. auch Raffinometer). Anionenaustauscher, stark basisch (z. B. Duolite A-30 B). Kationenaustauscher, stark sauer (z. B. Duolite C-10). Je 1 Liter NaOH (5 %) und HCl (5 %). pH-Papier.

Aufgabe: Leitungswasser ist zu entsalzen, der Erfolg ist durch Messung seiner Leitfähigkeit vor und nach der Entsalzung zu überprüfen.

Ausführung: Die Ionenaustauscher müssen zuerst regeneriert, oder – wenn sie sich schon in der OH- bzw. H-Form befinden – aktiviert werden. Dies geschieht mit etwa 50 g des Anionenaustauschers und 1000 ml 5%iger Natronlauge in derselben Weise wie in Aufg. 1 bei der Bestimmung der Kapazität beschrieben. Analog behandelt man den Kationenaustauscher mit 5%iger Salzsäure. Der Kationenaustauscher wird mit Wasser in die mit einem Glaswollebausch versehene Säule gespült. Luftblasen werden mit Hilfe des Glasstabs entfernt, wobei der Austauscher aufgerührt werden darf. Nach Ablauf des überstehenden Wassers werden 150 ml Leitungswasser aufgegeben und mit einer Durchlaufgeschwindigkeit von etwa 6 ml/min durchgeschickt. Die ersten 10 ml des Eluats werden verworfen. Anschließend wird das Leitungswasser in analoger Weise durch eine Säule mit Anionenaustauscher geschickt. Die Leitfähigkeit des entsalzten Wassers sowie des ursprünglichen Leitungswassers wird im Leitfähigkeitsmeßgerät gemessen und in reziproken Ohm (= Siemens) angegeben.

Ergebnis: Vollkommen reines Wasser besitzt bei Zimmertemperatur eine Leitfähigkeit von nur 4.10^{-8} Siemens. Praktisch erreichbar sind aber nur etwa 1.10^{-6} Siemens. Diesen Wert findet man bei bidestilliertem Wasser. Das auf die beschriebene Weise entsalzte Wasser besaß Werte um 10.10^{-6} Siemens bei Ausgangswerten des Leitungswassers um 500.10^{-6} Siemens.

Bemerkungen: Die Entsalzung von Leitungswasser soll als Beispiel für einen technologischen Prozeß dienen. In der Zuckerindustrie wird gelegentlich auf ähnliche Weise entsalzt. Aber auch für analytische Zwecke kann die Entfernung von Salzen mit Hilfe von Ionenaustauschern nötig sein, z. B. als Reinigung vor der Dünnschicht- oder Papierchromatographie. Es ist günstig, zuerst die Kationen auszutauschen, weil dann zwischen Kationen- und Anionenaustausch kein CO_2 aus der Luft aufgenommen werden kann.

Steht kein Leitfähigkeitsmeßgerät zur Verfügung, so kann die Entsalzung auch durch Bestimmung des Trocknungsrückstandes überprüft werden. Dieser kann in seltenen Fällen auch nach Ionenaustausch relativ groß sein, wenn nämlich ungeladene organische Substanzen anwesend sind, denn diese werden nicht entfernt.

Das Regenerieren kann auch in einer Säule erfolgen. Man benötigt dann, bei langsamem Durchtropfenlassen, weniger NaOH (200 ml), aber mehr Zeit.

5.4. Trennung von Aminosäuren

Erforderlich: Säule (innerer Durchmesser 1,5 cm, Höhe 30 cm) mit Heizmantel. Thermostat und Schlauchanschlüsse zur Säule. Stativ mit Klammer. Glaswolle. Glasstab. Becherglas 150 ml. Fraktionensammler (ersatzweise mehrere Reagensgläser). pH-Papier. Lösung von je 10 μMol Glutaminsäure, Valin und Lysin in 2 ml Wasser. Lösung von 0,25 g Ninhydrin in 100 ml Methanol. Puffer (pH = 3,25) : 5,25 g Citronensäure, 2,062 g NaOH, 2,66 ml HCl (konzentriert) und 0,25 g Phenol werden in 250 ml Wasser gelöst. Puffer (pH = 4,25 : 5,25 g Citronensäure, 2,062 g NaOH, 1,17 ml conc. HCl und 0,25 g Phenol werden in 250 ml Wasser gelöst. Puffer (pH = 5,28) : 6,14 g Citronensäure, 3,6 g NaOH, 1,7 ml conc. HCl und 0,25 g Phenol werden in 250 ml Wasser gelöst. Ionenaustauscher: Amberlite IR-120. 0,2 n-NaOH, 100 ml. 0,5 ml Brij 35.

Aufgabe: Glutaminsäure, Valin und Lysin sollen an einem Ionenaustauscher getrennt werden. Der Nachweis soll mit Ninhydrin erfolgen.

Ausführung: Der Ionenaustauscher wird in Puffer (pH = 3,25) aufgeschlämmt und bis 10 cm hoch in die Säule eingefüllt. Er wird mit einer Mischung von 100 ml 0,2 n-NaOH und 0,5 ml Brij 35 (langsam durchtropfen lassen) regeneriert, anschließend mit 120 ml Puffer (pH = 3,25) gewaschen. Zum Schluß soll die ablaufende Flüssigkeit ein pH von 3,25 aufweisen. Jetzt wird der Thermostat mit der Säule verbunden und auf 50 °C geheizt. Wenn die Säule diese Temperatur angenommen hat, wird 1 ml des Aminosäuregemisches auf die Säule gegeben. Es wird mit Puffer (pH = 3,25) eluiert (Tropfengeschwindigkeit etwa 2 Tropfen/Minute). Man fängt Fraktionen von je 10 ml auf, versetzt diese mit Ninhydrin und erhitzt kurz zum Sieden. Sobald eine Aminosäure nachgewiesen werden konnte, wird mit Puffer (pH = 4,25) weiter eluiert. Die Elution der dritten Aminosäure erfolgt mit Puffer (pH = 5,28).

Ergebnis: Bei einem Versuch fand sich Glutaminsäure in der 3.–5. Fraktion, Valin in der 26.–29. Fraktion und Lysin in der 31.–33. Fraktion.

Bemerkungen: Auf prinzipiell ähnliche Weise können alle in Proteinen vorkommende Aminosäuren getrennt werden. Dabei müssen allerdings längere Säulen Verwendung finden. Die einzelnen Gruppen von Aminosäuren (saure, basische, neutrale) werden jeweils bei anderem pH eluiert. Man benutzt dies und die Farbreaktion mit Ninhydrin für die quantitative Bestimmung, welche allerdings zweckmäßigerweise in automatischen Apparaturen ausgeführt wird.

Ähnliche Trennungen, die aber noch nicht alle Eingang in die Praxis gefunden haben, sind möglich für Konservierungsmittel, [*Fujiwara*, ref. Chem. Abstr. 75, 34039 H (1971)] Ascorbinsäure und Zersetzungsprodukte (*Hegenauer* 1972) Pyridoxal, Pyridoxol, Pyridoxamin (Handbuch der Lebensmittelchemie Bd. II/2, 747).

5.5. Bestimmung von Phosphat

Erforderlich: Säule, 2,5 cm innerer Durchmesser, etwa 40 cm lang. Erlenmeyer 150 ml, 300 ml. Bunsenbrenner, Dreifuß, Drahtnetz. Thermometer. Stativ mit Klammer. 0,1· n-NaOH mit Bürette. 0,1 n-HCl mit Bürette. Lösung eines Phosphats in Wasser (z. B. 300 mg NaH_2PO_4 in 100 ml). 30 ml 40%ige gegen Dimethylgelb neutralisierte Lösung von Calciumchlorid in Wasser. Anionenaustauscher, stark basisch (z. B. Duolite A-30 B), etwa 50 g. Phenolphthaleinlösung. Methylorangelösung.

Aufgabe: Der Gehalt der Phosphatlösung ist durch direkte Titration und nach einer Austauschermethode zu bestimmen. Die beiden

Methoden sind hinsichtlich ihres Arbeitsaufwandes, ihres Zeitbedarfs und ihrer Genauigkeit zu vergleichen.

Ausführung: a) Direkte Titration: 10 ml der mit 0,1 n-NaOH gegen Dimethylgelb neutralisierten Lösung werden mit der Calciumchloridlösung versetzt, aufgekocht und dann auf 14 °C am fließenden Wasserhahn abgekühlt. Nach Zusatz einiger Tropfen Phenolphthaleinlösung wird mit 0,1 n-NaOH unter kräftigem Umschütteln auf rosa titriert. Danach läßt man 2 Stunden stehen und titriert die wieder farblos gewordene Lösung aus. 1 ml 0,1 n-NaOH entspricht 5,999 mg NaH_2PO_4.

b) Austauschermethode: Der Anionenaustauscher wird wie in Aufg. 5.1 regeneriert und in die Säule gegeben. Dann gibt man 10 ml der Analysenlösung und anschließend 200 ml ausgekochtes Wasser auf die Säule, das Wasser in kleinen Portionen. Die Tropfengeschwindigkeit wird auf 5–10 ml/min eingestellt. Tropfen der Lösung, welche noch oben an der Säule haften, müssen sorgfältig abgespült werden. Die durchgelaufene Lauge wird mit 0,1 n-HCl gegen Methylorange titriert. 1 ml 0,1 n-HCl entspricht 11,998 mg NaH_2PO_4.

Ergebnis: Die Farbumschläge bei der direkten Titration sind schlecht zu sehen. Die Austauschermethode liefert eindeutigere und genauere Ergebnisse. Der Zeitbedarf ist einschließlich des Regenerierens insgesamt kleiner, der Arbeitsaufwand aber größer. Er vermindert sich, wenn für mehrere Bestimmungen größere Mengen des Austauschers auf einmal regeneriert werden.

5.6. Katalyse (Rohrzuckerinversion)

Erforderlich: Becherglas 100 ml. Thermostat oder Trockenschrank. Erlenmeyer (50 ml) mit Korkstopfen. Reagensgläser mit Gestell. pH-Papier. Kationenaustauscher, stark sauer (z. B. Merck Nr. 1). Lösung von 1 g Saccharose in 30 ml Wasser. *Fehling's*che Lösung I. *Fehling's*che Lösung II. 20 ml HCl (5 %).

Aufgabe: Eine Saccharoselösung ist mit Hilfe eines Kationenaustauschers in der H^+-Form zu invertieren.

Ausführung: 1 g des Kationenaustauschers werden mit der 5%igen Salzsäure eine Stunde lang stehengelassen und dann mit

Wasser so lange dekantiert, bis dieses nach 5minütigem Stehen-
lassen neutral reagiert. Ungefähr 0,1 g des so regenerierten Austauschers werden mit der Saccharoselösung in den Erlenmeyerkolben gegeben, mit dem lose aufgesetzten Korkstopfen verschlossen
und im Thermostaten oder Trockenschrank unter gelegentlichem
Umschwenken auf 65 °C erwärmt. Alle 5 Minuten wird eine
Probe auf reduzierenden Zucker nach *Fehling* vorgenommen. Man
überzeuge sich durch Eintauchen eines pH-Papiers, daß die Lösung
neutral bleibt.

Ergebnis: Nach ungefähr 25 Minuten beginnt die Lösung zu
reduzieren. Die Reaktion nimmt bis etwa 2½ Stunden laufend zu.

Bemerkungen: Die katalytische Hydrolyse mit Hilfe von Ionen-
austauschern stellt ein sehr schonendes Verfahren dar, weil die
Lösung selbst neutral bleibt und die Analysensubstanz nur an der
Oberfläche des Austauschers verändert wird. Dadurch werden
Nebenreaktionen weitgehendst vermieden. Besonders gut eignen
sich für die Katalyse makroretikulare Austauscher („Popcorn"-
Austauscher). In ihren großen Poren können auch Proteine und
Polysaccharide relativ gut hydrolysiert werden.

5.7. Elektronenaustausch (Nachweis von Sauerstoff im Wasser)

Erforderlich: Säule, 1 cm innerer Durchmesser, etwa 50 cm lang
(z. B. Bürette mit geradem Auslauf und Hahn). Stativ mit Klammer. Farbloser Kationenaustauscher (z. B. Duolite CS-101, H^+-
Form) etwa 10 g. Lösung von 0,1 g Methylenblau in 100 ml
0,3 n-H_2SO_4. Lösung von 10 g Natriumdithionit in 100 ml 1%iger
Ammoniaklösung, frisch bereitet. Bariumchloridlösung. 0,1%ige
Lösung von Wasserstoffperoxid in Wasser.

Aufgabe: Mit Hilfe eines Methylenblau enthaltenden Redoxaus-
tauschers ist der Nachweis von Sauerstoff in Leitungswasser und
destilliertem Wasser zu führen.

Ausführung: Auf den Austauscher, welcher entsprechend Aufg. 2
regeneriert und in die Säule gegeben wurde, gibt man die Me-
thylenblaulösung und läßt diese sehr langsam durchlaufen (etwa
5 Tropfen/min). Dann wird mit Wasser sulfatfrei gewaschen (Prüfung mit Bariumchloridlösung). Schließlich läßt man die Dithionit-

lösung bis zur Entfärbung der Säulenfüllung mit gleicher Geschwindigkeit durchlaufen. Jetzt wird nacheinander ausgekochtes, dann nicht ausgekochtes destilliertes Wasser, Leitungswasser und Wasserstoffperoxidlösung (jeweils 5 ml) aufgegeben. Erforderlichenfalls wird zwischendurch mit Dithionit regeneriert. Man vergleiche die Blaufärbungen der Säule, die durch den unterschiedlichen Gehalt der Flüssigkeiten an Sauerstoff bzw. Wasserstoffperoxid bedingt sind. Die Redoxreaktion verläuft nicht momentan; deshalb ist die Durchlaufgeschwindigkeit entsprechend zu regulieren.

Ergebnis: Nur frisch ausgekochtes Wasser ergibt keine Färbung, ist also weitgehend frei von Sauerstoff, die anderen Proben geben in der angegebenen Reihenfolge zunehmend starke Blaufärbung.

6. Papierchromatographie

Vorbemerkung: Die meisten Arbeitsverfahren der Papierchromatographie sind denjenigen in der Dünnschichtchromatographie gleich oder sehr ähnlich. Sie werden hier nicht mehr ausführlich besprochen. Es empfiehlt sich daher, die entsprechenden Kapitel im Abschnitt „Dünnschichtchromatographie" vorher durchzulesen. Die Chromatographiepapiere sind vor dem Gebrauch vor Licht, Feuchtigkeit und Laboratoriumsluft geschützt aufzubewahren und sollten nicht geknickt und nicht mit den Fingern angefaßt werden, letzteres allenfalls nur am Rand (Fett- und Aminosäurespuren).

6.1. Aufsteigende Entwicklung. Vergleich mit der DC (Lebensmittelfarbstoffe)

Erforderlich: Chromatographiepapier (z. B. Schleicher & Schüll, Nr. 2043 b) 19 x 26 cm. Trennkammer (am besten rund) 30 cm hoch. 3 Kunststoffklammern. Pipetten 5 μl, 20 μl. Stativ mit Klammer und Glasstab. Kleine Wäscheklammer. Schere. Bleistift. Lineal. Föhn. Lösung von je 250 mg Amaranth (E 123), Ponceaurot 6 R (E 126), Echtgelb (E 105) und Indigotin I (E 132) in je 50 ml Wasser, sowie eine Mischung aus gleichen Teilen dieser 4 Lösungen. Fließmittel: Lösung von Natriumcitrat (2 %) in 5%iger Ammoniaklösung. Filtrierpapier.

Aufgabe: Die 4 Farbstoffe sind nach *Thaler* (1953) zu trennen. Zugleich kann ein Vergleich mit der Dünnschichtchromatographie (Aufg. 3.8.) erfolgen.

Ausführung: Noch vor dem Ausschneiden des Chromatographiepapierbogens stellt man die bevorzugte Faserrichtung fest, indem man einen Wassertropfen auftropft. Dieser Tropfen läuft als Ellipse auseinander. Die Fließrichtung bei der Chromatographie soll später in Richtung des kleinen Durchmessers dieser Ellipse erfolgen. Man schneidet das Papier entsprechend zu. Das Auftragen der Lösungen und die Kammersättigung erfolgen entsprechend wie bei der Dünnschichtchromatographie. Man kann bei der Papierchromatographie aber die Startlinie und die Startpunkte vorher mit Bleistift markieren (Kugelschreiber ist nicht geeignet!), ebenso können die Bezeichnungen für die aufgetragenen Substanzen angeschrieben werden. Man trägt je 5 μl der Lösungen der einzelnen Farbstoffe und 20 μl (in Anteilen und unter Trocknen mit dem Föhn) der Mischung auf. Dann biegt man das Papier der Länge nach zylinderförmig zusammen, so daß die seitlichen Ränder nebeneinander zu liegen kommen und befestigt diese mit 3 Spezial-Kunststoffklammern. Notfalls können auch Wäscheklammern oder Kunststoff-Büroklammern benutzt werden. Metallklammern lösen sich in manchen Fließmitteln auf. Das zylinderförmige Papier wird in die Trennkammer gestellt. Besitzt diese einen Scheidetrichter am Deckel, so läßt man erst jetzt das Fließmittel zulaufen und ergänzt auch nur durch Öffnen des Hahnes am Scheidetrichter. Sobald sich die Fließmittelfront 18–20 cm über der Startlinie befindet, wird das Chromatogramm aus der Trennkammer genommen und die Fließmittelfront angezeichnet. Zum Trocknen und Besprühen wird das Papier mit der Wäscheklammer an einen horizontal angebrachten Glasstab geheftet (am Stativ im Abzug).

Ergebnis: Die Trennung erfolgt etwa ebensogut wie bei der Dünnschichtchromatographie. Sie benötigt aber wesentlich mehr Zeit. Um dieselbe Fleckengröße zu erzielen, muß bei der normalen Papierchromatographie mehr Substanz aufgetragen werden als auf die üblichen Dünnschichten von 250 μm Dicke. Die quantitative Bestimmung ist analog der Dünnschichtchromatographie möglich, wobei die Elution vom Papier auch mit Hilfe eines Mikro-Soxhlet-Extraktionsapparates erfolgen kann.

Tab. 11

Bemerkung: Auf ähnliche Weise lassen sich z. B. trennen:

Substanzen	Fließmittel	Literatur
Carbonsäuren (niedere)	n-Butanol, mit 1,5 n-Ammoniak-lösung gesättigt	*Cramer* (1962)
Hydroxysäuren	verschiedene	*Rauscher* (1972), 171
Konservie-rungsmittel	Butanol/Ammoniak-lösung (25 %)/ Wasser (7+2+1), organische Phase	*Rauscher* (1972), 593
Malvin	Phosphorsäure/Essig-säure/Borsäure/Was-ser (3,92+2,40+2,48 +91,2) G/G/G/G	*Franck* (1971)
Zucker	zahlreiche (oft 2–3fache Entwicklung notwendig)	*Rauscher* (1972), 121

Die Sprühmittel sind meist dieselben wie bei der Dünnschicht-chromatographie. Gelegentlich treten dabei aber andere Farb-tönungen auf.

6.2. Absteigende Entwicklung (Aminosäuren)

Erforderlich: Chromatographiepapier (z. B. Schleicher & Schüll, Nr. 2043 b) 50 x 17 cm. Trennkammer, etwa 80 cm hoch, mit Ge-stell, Fließmitteltrog und Deckel (vgl. Abb. 17). Schere und ande-res Zubehör zur Papierchromatographie (vgl. Aufg. 6.1). Wasser-bad. Porzellanschale. Pipette 20 μl. Lösung von je 10 mg Gluta-minsäure, Arginin, Histidin, Prolin und Leucin in 10 ml Wasser. Lösung von je 10 mg Cystin, Lysin, Glycin, Tyrosin, Tryptophan und Isoleucin in 10 ml Wasser. Extraktarmer Weißwein. Fließ-mittel: n-Butanol/Ameisensäure/Wasser (75+15+10). Natrium-1,2-naphthochinon-4-sulfonat (Folins Reagens). Lösung von 5 g Natriumcarbonat in 100 ml Wasser.

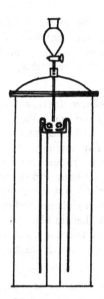

Abb. 17. Trennkammer für die absteigende PC für 2 Chromatogramme (Seitenansicht).

Aufgabe: Die Aminosäurengemische sowie die freien Aminosäuren in einem Weißwein sollen durch absteigende Papierchromatographie getrennt werden.

Ausführung: Das Papier wird an der einen Schmalseite in 7–8 Zipfel ausgeschnitten, damit das Fließmittel gut abtropfen kann. An der anderen Schmalseite wird im Abstand von 6 cm vom Rand die Startlinie markiert. In Abständen von etwa 4 cm werden auf der Startlinie je 20 μl der Aminosäurelösungen und des auf dem Wasserbad auf etwa $^1/_5$ des ursprünglichen Volumens eingeengten Weißweins aufgetragen. Hierbei wird mit dem Föhn getrocknet. Der 6-cm-Rand wird so geknickt bzw. gerollt, daß er in den Fließmitteltrog gelegt und mit einem Glasstab beschwert werden kann. Das Papier muß frei hängen, die Startlinie darf nicht in das Fließmittel eintauchen. Nun wird der Fließmitteltrog über den Scheidetrichter mit dem Fließmittel gefüllt. Man läßt das Fließmittel 24 Stunden lang fließen, wobei mindestens einmal (nach 4–8 Stunden) die verbrauchte Menge an Flüssigkeit ergänzt wird.

Sodann wird an der Luft getrocknet. 0,2 g Folins Reagens werden in der Natriumcarbonatlösung aufgelöst. Sofort danach wird das Chromatogramm mit dieser Lösung reichlich besprüht und wieder an der Luft getrocknet. Man beobachtet das Auftreten der Farbflecke.

Ergebnis: Die Aminosäuren trennen sich in dieser Reihenfolge und ergeben folgende Färbungen: Cystin (am Startpunkt) braun, Histidin fleischfarben, verfärbt sich nach violett, Lysin blau, Arginin orange, Serin blau, Asparaginsäure violett, Glycin blau, Hydroxyprolin rot, Threonin orangebraun, verfärbt sich nach grau, Glutaminsäure blau, Alanin blau, Prolin rot, Tyrosin rötlichbraun, Methionin grau, Tryptophan violett, verfärbt sich nach graubraun, Valin bräunlich grau, Phenylalanin rötlichbraun bis violett, Isoleucin bräunlich blaugrau, Leucin blaugrau. Infolge der langsamen Wanderung und der Identifizierung durch verschiedene Farben lassen sich alle Aminosäuren durch eindimensionale Entwicklung nachweisen.

Bemerkungen: Auf ähnliche Weise lassen sich noch mit Vorteil trennen: Oligosaccharide im Stärkesirup mit n-Butanol/Pyridin/Wasser (1+1+1), vgl. *Drapron* (1962). Auch in der DC ist eine „Durchlaufchromatographie" möglich. Man arbeitet hier aber horizontal (z. B. in der Vario-KS-Kammer) und verdampft das Fließmittel am Ende der Schicht.

6.3. Rundfiltermethode (Horizontale Entwicklung; Polyphosphate)

Erforderlich: Chromatographiepapier (z. B. Schleicher & Schüll, Nr. 2045 b). 2 Petrischalen (Durchmesser etwa 20 cm). UV-Lampe. Schere und sonstiges Zubehör zur PC (vgl. Aufg. 6.1). Pipette 10 μl. Lösungen von je 100 mg Polyphosphat (Hexanatriumtetraphosphat, Grahams Natriumpolyphosphat oder Pentanatriumtriphosphat), Tetranatriumdiphosphat und Dinatriumhydrogenphosphat in 10 ml Wasser sowie eine Mischung aus gleichen Teilen dieser Lösungen. Fließmittel: Isopropanol/Wasser/Trichloressigsäure/0,1 m-Titriplex-III-Lösung/Ammoniaklösung (25 %) (150+48+10+2 +0,6, V/V/G/V/V). Sprühmittel: Ammoniummolybdatlösung (4 % in Wasser)/1 n-HCl/Perchlorsäurelösung (60 % in Wasser)/

Wasser (9+2+1+12). Dieses Sprühreagens sollte erfahrungsgemäß mindestens 14 Tage alt sein.

Aufgabe: 1 Mono-, 1 Di- und 1 Polyphosphat sind durch Rundfilterpapierchromatographie zu trennen.

Ausführung: Aus dem Chromatographiepapier wird ein kreisrundes Stück von etwa 23 cm Durchmesser ausgeschnitten. Als Startlinie wird ein konzentrischer Kreis von etwa 1 cm Radius angezeichnet. Aufgetragen werden, auf 4 Punkte, die gleichmäßig über die Startlinie verteilt sind, je 10 μl der einzelnen Lösungen und 30 μl des Gemisches. Dabei muß mit einem Föhn getrocknet werden. In den Mittelpunkt des Chromatogramms steckt man ein dünnes Röllchen aus Chromatographiepapier, welches etwas länger als eine Petrischale hoch ist. Das Fließmittel wird in die eine Petrischale gefüllt. Das Papier wird so darauf gelegt, daß es ringsum etwa 1–2 cm übersteht und daß das Röllchen in das Fließmittel eintaucht. Darauf kommt sofort die zweite Petrischale mit der Öffnung nach unten, so daß eine dicht abgeschlossene Trennkammer entsteht. Das Fließmittel fließt durch das Röllchen vom Mittelpunkt des Chromatogramms aus gleichmäßig nach allen Seiten. Nach etwa 5 Stunden ist die Front am Rand angelangt. Das Chromatogramm wird an der Luft getrocknet, reichlich mit dem Sprühreagens besprüht und anschließend 1–2 Minuten lang dem ungefilterten Licht einer UV-Lampe ausgesetzt (Schutzbrille!).

Ergebnis: Die Phosphate färben sich beim Besprühen gelb. Bei der Einwirkung des UV-Lichts bildet sich Molybdänblau. Die Trennung ist wesentlich besser als bei normaler, aufsteigender Entwicklung, was durch einen Vergleichsversuch leicht festgestellt werden kann. Dies kommt daher, weil sich die Substanzzonen während der Entwicklung auseinanderziehen und dabei schärfer werden.

Bemerkung: Die relativ scharfe Trennung durch Rundfilterchromatographie findet z. B. auch bei nichtflüchtigen organischen Säuren Anwendung (vgl. *Cramer* 1962: Fließmittel n-Butanol/tert. Pentanol / Ameisensäure / Wasser (75+25+30+30), Sprühmittel Bromkresolgrün). Vom Handel werden zugeschnittene Papiere geliefert, welche Einschnitte zwischen den für die Trennung vorgesehenen Segmenten besitzen. So werden gegenseitige Störungen vermieden.

Die Methode ist auch in der DC, wenngleich etwas aufwendiger, anwendbar (Beispiel: Carbonsäurehydroxytryptamide, *WURZI-GER* 1973).

6.4. Keilstreifen-Methode (Zucker)

Erforderlich: 6-fach-Keilstreifenpapier (Papiersorte z. B. Schleicher & Schüll, Nr. 2043 b mgl) 21×35 cm oder ein nach Abb. 18 selbst zugeschnittenes Chromatographiepapier. Trennkammer (et-

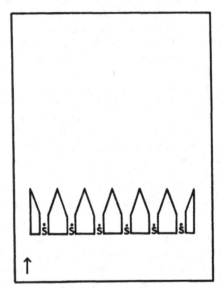

Abb. 18. Schema eines Keilstreifenpapiers. Die Punkte sind die Startpunkte. Der Pfeil deutet die Fließrichtung der mobilen Phase an.

wa 40 cm hoch). Pipetten: 2 μl, 10 μl. Föhn. Sprühgerät, Trokkenschrank. Porzellan- oder Glasschale 300 ml. Weiteres Zubehör zur PC (vgl. Aufg. 6.1). Lösungen von je 2 g Lactose, Glucose, Fructose, Arabinose in je 100 ml Wasser. Lösung von 10 g Saccharose in 100 ml Wasser. Fließmittel: 50 mg Natriumacetat in 8 ml Wasser lösen, 92 ml Dioxan zugeben. Nachweisreagens: 0,6 g p-Aminohippursäure und 6 g Phthalsäure in 200 ml Äthanol lösen.

Aufgabe: Lactose, Glucose, Fructose, Arabinose und Saccharose sind durch eindimensionale aufsteigende Entwicklung mit Hilfe der Keilstreifen-Methode zu trennen.

Ausführung: Auf die Startpunkte S (vgl. Abb. 18) des Keilstreifenpapiers werden je 2 μl der Lösungen und 10 μl eines Gemischs von je gleichen Volumteilen aller Zuckerlösungen möglichst punktförmig aufgetragen, wobei mit dem Föhn getrocknet wird. Das Papier wird mit Kunststoffklammern zylinderförmig zusammengesteckt und in die mit dem Fließmittel beschickte Trennkammer gestellt. Nach etwa 6 Stunden befindet sich die Fließmittelfront 17 cm über den Startpunkten. Das Chromatogramm wird herausgenommen, bei 60 °C im Trockenschrank getrocknet, in das Nachweisreagens, welches sich in einer Schale befindet, getaucht und nach kurzem Abtropfenlassen 8 Minuten lang bei 120 °C im Trockenschrank erhitzt. Zum Vergleich wird ein zweites genauso gewonnenes Chromatogramm nach dem Herausnehmen aus der Trennkammer über Nacht an der Luft getrocknet und mit dem Nachweisreagens wie üblich besprüht.

Ergebnis: Bei richtigem Arbeiten trennen sich alle Zucker und erscheinen als bogenförmige Streifen. Dies wäre bei normaler aufsteigender Entwicklung nicht der Fall. Bei der Keilstreifen-Methode werden die Analysensubstanzen zuerst ähnlich wie bei der Rundfiltermethode getrennt. Die Keilstreifen-Methode vereinigt also bis zu einem gewissen Grad die guten Trennergebnisse dieser Methode und die Einfachheit der normalen aufsteigenden Entwicklung. Die beiden Verfahren der Detektion sind gleich gut anwendbar. Das Eintauchen in die Detektionslösung ist einfacher und spart ein Sprühgerät. Dies ist natürlich nur möglich, wenn die Analysensubstanzen bzw. die Farbstoffe dabei nicht in Lösung gehen.

6.5. Chromatographie mit umgekehrten Phasen (fettlösliche Farbstoffe)

Erforderlich: Chromatographiepapier (z. B. Schleicher & Schüll, Nr. 2043 b) 19×26 cm. Trennkammer (30 cm hoch). Glasschale (etwa 500 ml). Normales Zubehör zur PC (vgl. Aufg. 6.1). Pipetten 5 μl, 20 μl. Mischung von 20 ml flüssigem Paraffin mit 180 ml Petroläther. Fließmittel: Methanol/Eisessig/Wasser (80+5+15).

Lösungen folgender Farbstoffe (0,5 % in Essigsäureäthylester): Buttergelb, Ceresorange GN (Sudan G), Ceresrot G (Sudanrot G, Sudan R), Sudan III, sowie eine Mischung dieser Lösungen zu gleichen Volumteilen.

Aufgabe: 4 fettlösliche Azofarbstoffe sollen nach *Lindberg* (1956) getrennt werden.

Ausführung: 2 cm von der unteren Kante entfernt wird die Grundlinie mit Bleistift markiert, sowie auch die Startpunkte und die Bezeichnungen für die später aufzutragenden Substanzen. Dann wird das Papier in die Paraffinlösung eingetaucht, welche sich in einer Glasschale befindet, so daß das Papier gleichmäßig feucht wird. Dieses wird durch Aufhängen, ähnlich wie nach dem Besprühen, getrocknet. Dann werden je 5 μl der einzelnen Farbstofflösungen und 20 μl des Gemischs aufgetragen. Es wird aufsteigend chromatographiert, bis die Fließmittelfront etwa 20 cm hoch gestiegen ist (Dauer etwa 3–4 Stunden).

Ergebnis: Ceresrot und Buttergelb liegen nahe beieinander, können aber auf Grund der Farben voneinander unterschieden werden.

Bemerkungen: Ähnliche Trennungen wie auf mit Paraffin imprägniertem Papier können (ohne Imprägnierung) mit aktiviertem Aluminiumoxid oder Kieselgel durch Dünnschichtchromatographie ausgeführt werden. Auf ähnliche Weise lassen sich z. B. trennen: höhere Fettsäuren mit dem Fließmittel Essigsäure/Wasser (9+1) nach *Kaufmann* (1955) sowie Sterine mit dem Fließmittel Essigsäure/Wasser (84+16), gesättigt mit Paraffinöl, nach *Rauscher* (1972), S. 478. Im letzten Fall wird absteigend gearbeitet und außerdem eine Variante der Keilstreifenmethode angewandt, um besonders gute Trennungen zu erzielen. Auf Papier, welches mit Dimethylformamid/Äthanol (1+3) imprägniert wurde, können die Dinitrophenylhydrazone von Aldehyden und Ketonen getrennt werden. Als Fließmittel dient mit Dimethylformamid gesättigtes Hexan.

Papiere können auch mit festen Sorbentien imprägniert werden. Eine Reihe solcher Chromatographiepapiere ist im Handel. Zur Trennung von Prostaglandinen wird die Chromatographie auf mit Kieselgel imprägniertem Papier (*Whatman* SG 81) oder auf mit 3 % Silbernitrat imprägniertem Papier empfohlen (*Stamford* 1972). Fast immer imprägniert wird Glasfaserpapier.

7. Säulenchromatographie

7.1. Elutionsmethode (Lebensmittelfarbstoffe)

Erforderlich: Glassäule mit etwa 1 cm innerem Durchmesser, etwa 40 cm lang, mit Hahn am unteren Ende (z. B. Bürette mit geradem Auslauf). Stativ mit Klammer. Langer Glasstab. Pipette 1 ml. Becherglas 250 ml. 1 Meßzylinder 50 ml. 3 Meßzylinder 25 ml. Glaswolle. Glasfaserpapier (notfalls Filtrierpapier). Cellulosepulver für die Säulenchromatographie (z. B. MN 100), etwa 10 g. Lösung von je 10 mg Echtgelb (E 105), Ponceau 6 R (E 126), Amaranth (E 123) und Indigotin (E 132) in 50 ml Wasser. Lösung von 4 g Trinatriumcitrat in 196 ml Ammoniaklösung (5 %).

Aufgabe: 4 Lebensmittelfarbstoffe sind durch Elution an einer Cellulosesäule zu trennen. Die auf Amaranth bezogenen R_x-Werte für das innere und das äußere Chromatogramm (R_{Ai}, R_{Aa}) sind zu berechnen. Sie sind mit den bei der Dünnschichtchromatographie (Aufg. 3.8.) erhaltenen Werten zu vergleichen.

Ausführung: Das Cellulosepulver wird im Becherglas mit Wasser aufgeschlämmt. Auf dem Boden der Säule wird mit Hilfe des Glasstabs ein Glaswollebausch angebracht. Man gießt Wasser darauf, so daß die Säule zu etwa 1/3 gefüllt ist und entfernt etwa im Glaswollebausch zurückbleibende Luftblasen. Dann wird die Cellulosesuspension in mehreren Anteilen in die Säule gegossen. Man läßt das Wasser durch den Hahn abtropfen, aber so, daß zu jeder Zeit über der sich festsetzenden Celluloseschicht noch Cellulosesuspension und klares Wasser vorhanden ist. Etwa vorhandene Luftblasen werden durch Klopfen an die Außenwand der Säule entfernt. Erst zum Schluß entfernt man das Wasser so weit, daß nur noch 1–2 ml über der Celluloseschicht stehen. Diese soll keine Luftblasen enthalten und absolut gleichmäßig sein. Man legt eine kreisrunde Glasfaser-Papierscheibe obenauf, wobei die Oberfläche der Schicht, welche horizontal und eben sein soll, nicht beschädigt wird. Jetzt läßt man das überstehende Wasser einsickern, ohne daß die Oberfläche trocken wird, stellt den 50 ml Meßzylinder unter die Säule und läßt nacheinander einsickern: 1 ml Farbstofflösung und 2–3mal 1 ml der Natriumcitratlösung. Jetzt füllt man die Säule ganz mit Natriumcitratlösung, füllt von Zeit zu Zeit nach und stellt die Tropfgeschwindigkeit auf etwa 10 Tropfen/

Minute ein. Die Säulenfüllung muß stets mit Flüssigkeit bedeckt sein; ein Eindringen von Luft verschlechtert die Trennung erheblich. Geschieht dies vor dem Aufbringen der Analysensubstanzen, so kann versucht werden, durch Aufwirbeln in Wasser die Luft zu entfernen. In allen anderen Fällen sollte die Säule neu gefüllt werden. Wenn der erste Farbstoff (Ponceau R) sich nahezu am unteren Rand der Säule befindet, unterbricht man die Chromatographie durch Schließen des Hahns für kurze Zeit und mißt die Entfernung der Mittelpunkte der einzelnen Farbflecken vom Startpunkt weg. Man berechnet daraus die R_{Ai}-Werte. Wenn der erste Farbstoff im Ablauf erscheint, wechselt man den Meßzylinder und bestimmt die Elutionsvolumina der einzelnen Farbstoffe, indem man diese getrennt auffängt. Aus den mittleren Elutionsvolumina berechnet man die R_{Aa}-Werte.

Ergebnis: Die Farbstoffe trennen sich in derselben Weise wie bei der Dünnschichtchromatographie. Die einzelnen Zonen sind aber relativ breiter. Die R_x-Werte stimmen nur sehr grob mit denjenigen in der Dünnschichtchromatographie überein (gefunden wurden bei einem Versuch: R_{Ai}: Ponceau 6 R 1,68, Echtgelb 1,36, Indigotin 0,5; R_{Aa}: Ponceau 1,41, Echtgelb 1,18. Indigotin verblaßt im Laufe des Versuchs. Es ist in ammoniakalischer Lösung über längere Zeit nicht beständig, so daß sein R_{Aa}-Wert nicht bestimmt werden kann.

7.2. Frontmethode (absoluter Äther)

Erforderlich: Säule mit etwa 1,5 cm innerem Durchmesser, etwa 40 cm lang. Stativ mit Klammern. Glaswolle. 2 Meßzylinder 10 ml. Mehrere Reagensgläser. Scheidetrichter. 10 g Aluminiumoxid, basisch. Wassergesättigter alter Diäthyläther, welcher beim Schütteln mit Kaliumjodidlösung diese braun färbt. Lösung von 10 g Kaliumjodid in 90 ml Wasser. 10 g Kobaltchlorid.

Aufgabe: Es soll festgestellt werden, wieviel ml Äther an 10 g basischem Aluminiumoxid absolutiert und von Peroxiden befreit werden kann. Die spezifischen Durchbruchsvolumina (ml Äther/g Al_2O_3) für Wasser und Peroxide sind zu bestimmen.

Ausführung: Das Kobaltchlorid wird im Trockenschrank bei 35 °C erhitzt, bis es intensiv blau gefärbt ist (mindestens 1 Stunde).

Die Säule wird unten mit einem Glaswollebausch verschlossen. Das Aluminiumoxid wird darauf geschüttet, und zwar in Anteilen und unter Rütteln und Klopfen an die Säulenwand, damit eine gleichmäßige Schicht entsteht. Zum Schluß stößt man die Säule auf eine nicht zu harte Unterlage auf, damit sich die Füllung absetzt. Dann wird der Äther aus dem Scheidetrichter mit einer Tropfgeschwindigkeit von etwa 10 Tropfen/Minute auf die Säule gegeben, wobei der Hahn der letzteren geöffnet ist. Sobald der Äther im Ablauf erscheint, werden im Meßzylinder Fraktionen von je 3 ml aufgefangen und in den Reagensgläsern mit einigen Körnchen Kobaltchlorid auf Wasser, mit Kaliumjodidlösung auf Peroxide geprüft (Schütteln). Wenn sich das Kobaltchlorid blau färbt bzw. die Kaliumjodidlösung braun, ist der Versuch beendet. Aus der Anzahl der bis dahin aufgefangenen Fraktionen ergibt sich die Menge an Äther, welcher gereinigt werden kann.

Ergebnis: Die spezifischen Durchbruchsvolumina liegen je nach der Art des Aluminiumoxids (besonders gut sind superaktive Sorbentien, z. B. Woelm W 200) zwischen 5 und 15 für Wasser und, je nach Güte des Äthers, zwischen 1 und 15 für Peroxide. Über die Absolutierung und Reinigung anderer Lösungsmittel vgl. *Wohlleben* (1972) sowie die Woelm-Mitteilungen.

7.3. Gradienten-Methode. Sichtbarmachung farbloser Substanzen (Aromastoffe)

Erforderlich: Glassäule mit 0,7–1,0 cm innerem Durchmesser, mindestens 30 cm lang, an einem Ende mit einem Hahn versehen oder zur Kapillare verjüngt. Glaswolle. Bürette 50 ml. Erlenmeyer 50 ml, mehrere Reagensgläser. 2fach gebogenes Glasrohr oder Gummischlauch mit Kapillare (vgl. Abb. 19). Magnetrührer. Tragbare UV-Lampe. Stative mit Klammern. 50 g basisches Al_2O_3. 50 ml Methanol. Lösung von 30 mg Morin in 50 ml Methanol. Lösung von je 0,1 g Benzaldehyd, Cumarin und Vanillin in 5 ml Benzol.

Aufgabe: Die 3 Aromastoffe sind in Anlehnung an *Brockmann* (1947) durch Gradienten-Chromatographie zu trennen. Cumarin und Vanillin sind während der Trennung sichtbar zu machen.

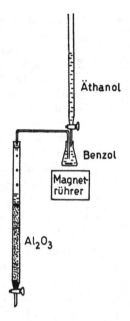

Äthanol

Benzol

Magnet-
rührer

Al$_2$O$_3$

Abb. 19. Versuchsanordnung zur Gradienten-Methode.

Ausführung: Das Aluminiumoxid wird mit 50 ml Methanol aufgeschlämmt; unter Rühren wird die Morinlösung zugegeben. Es wird so lange gerührt, bis die überstehende Lösung entfärbt ist. Man trocknet 2–3 Stunden bei 150 °C. In die Säule wird zuerst ein Glaswollebausch eingeführt, dann etwas Benzol, und nach Entfernung der Luftblasen wird die mit Benzol angeschlämmte Aluminiumoxid-Morin-Mischung bis etwa 20 cm hoch eingefüllt. Nach Ablaufenlassen der überstehenden Flüssigkeit wird 1 ml der Aromastofflösung aufgegeben und einsickern gelassen. Dasselbe erfolgt jetzt mit 1 ml Benzol. Dann werden noch einige ml Benzol vorsichtig auf die Säule gegeben, ohne sie einsickern zu lassen. Der obere Rand der Säule wird jetzt mit Hilfe des gebogenen Rohres mit 50 ml Benzol verbunden, welches sich entsprechend der Abb. mit dem Rührstab in dem Erlenmeyer befindet. Man stellt den Magnetrührer an und läßt aus der Bürette Äthanol mit derselben Tropfgeschwindigkeit zutropfen, welche die aus der Säule ablaufende

Flüssigkeit besitzt (höchstens 5 Tropfen/Minute). Dieser Ablauf wird zu 3–4 ml in Reagensgläsern gesammelt. Nach Verdunklung des Raumes wird die Säule mit einer UV-Lampe bestrahlt. Im Ablauf wird auf die einzelnen Aromastoffe geprüft, indem 1 Tropfen auf ein Stück Filtrierpapier gebracht wird, welches geschwenkt wird, um den Benzoldampf (Vorsicht beim Einatmen, Benzol ist giftig!) zu entfernen; dann riecht man an dem Filtrierpapier.

Ergebnis: Man sieht im UV-Licht zwei dunkle Zonen. Diejenige von Vanillin wandert in Benzol als mobiler Phase langsam, diejenige von Cumarin kaum, wohl aber in Äthanol. Da der Äthanolgehalt im Benzol exponentiell ansteigt, wird auch Cumarin schließlich transportiert. Benzaldehyd wandert am schnellsten, ist aber nicht zu sehen, sondern kann bald nach Beginn des Versuchs im Ablauf gerochen werden.

Die Sorption der 3 Aromastoffe erfolgt im relativ unpolaren Benzol entsprechend ihrer Polarität. Äthanol, welches polarer ist, wird entsprechend der eluotropen Reihe selbst stärker an Aluminiumoxid sorbiert und desorbiert deshalb das relativ stark polare Vanillin.

Die Sichtbarmachung erfolgt in diesem Falle durch Fluoreszenzminderung. Bei selbst fluoreszierenden Substanzen oder bei größeren Mengen an Analysensubstanzen, welche eine starke UV-Absorption zeigen, ist der Zusatz von Morin nicht nötig.

Bemerkung: Anstatt durch kontinuierliche Änderung der mobilen Phase kann eine Trennung sehr unterschiedlich polarer Substanzen auch durch stufenweise Elution mit unterschiedlichen Lösungsmitteln bzw. Gemischen erfolgen. Ein Beispiel hierfür bringt die Aufg. Nr. 14, Absorptionsmessung, Bd. I (Optische Methoden), S. 37.

Sehr oft werden in der Lebensmittelanalytik die zu analysierenden Substanzen in einem bestimmten Lösungsmittel auf eine (oft trockene) Säule aufgebracht (adsorbiert) und mit einem anderen Lösungsmittel, gegebenenfalls unter echter chromatographischer Trennung, wieder abgelöst. Man kann dies als Grenzfall der Chromatographie bezeichnen.

Beispiele hierfür sind:

Tab. 12

Analysensubstanzen	Lebensmittel	stat. Phase	Literatur
Coffein	Kaffee (coffeinarm)	Celite	AOAC (1970)
Lebensmittelfarbstoffe	verschiedene	Polyamid	Lehmann (1970)
Niacin	verschiedene	Fullererde u. a.	Handbuch der Lebensmittelchemie II/2
Soja-Sapogenine	Fleischwaren	Al_2O_3	Martienssen (1969)
Theobromin, Coffein	Kakao	Polyamid	Lehmann (1971)
Tocopherole	verschiedene	Al_2O_3, Celite-Digitonin	Christie (1973)
Vitamin A	verschiedene	Al_2O_3	Handbuch der Lebensmittelchemie II/2

7.4. Trockensäulen-Chromatographie (Lebensmittelfarbstoffe)

Erforderlich: Dasselbe Zubehör wie zur Aufg. 7.1. Scheidetrichter.

Aufgabe: Dasselbe Farbstoffgemisch, wie es in Aufg. 7.1 getrennt wurde, soll durch Trockensäulen-Chromatographie getrennt werden.

Ausführung: Es wird weitgehend analog wie bei Aufg. 7.1 gearbeitet, die Cellulose wird aber trocken, in Anteilen und unter Rütteln eingefüllt, so daß eine gleichmäßige Füllung entsteht. Die Farbstofflösung (1 ml) und die mobile Phase werden langsam aufgetropft, so daß die Oberfläche der Füllung stets trocken erscheint und nicht beschädigt wird. Wenn die Front der mobilen Phase sich nahe am unteren Rand der Cellulose befindet, werden die R_{fi}-Werte durch Messen des Abstands der Front und der Mitte der Zonen vom Start bestimmt. Man vergleicht mit den dünnschichtchromatographisch erhaltenen Werten. Außerdem können die R_{Ai}-Werte bestimmt und mit denjenigen bei der Aufg. 7.1 erhaltenen verglichen werden.

Ergebnis: Die R_f-Werte sind zwar nicht gleich, aber bei richtigem Arbeiten ziemlich ähnlich wie die bei der Dünnschichtchromatographie erhaltenen. Durch Trockensäulen-Chromatographie können unter ähnlichen Bedingungen wie bei der Dünnschichtchromatographie größere Mengen an Analysensubstanzen getrennt werden. Da die R_f-Werte bei der Elutionsmethode aber auch nicht wesentlich verschieden sind, würde im vorliegenden Fall die Trennung besser durch Elution erfolgen; denn hierbei laufen die Zonen normalerweise gleichmäßiger als bei der Trockensäulen-Chromatographie.

8. Gel-Chromatographie

8.1. Entsalzung von Ovalbumin

Erforderlich: An einem Ende kapillar ausgezogenes Glasrohr (1 cm innerer Durchmesser, Länge mindestens 50 cm). Stativ mit Klammer. Glasstab. Gummistopfen (durchbohrt) mit Glasrohr. Gummischlauch. Vorratsbehälter für Wasser. Fraktionensammler (ersatzweise Reagensglasgestelle mit zahlreichen Reagensgläsern). Bunsenbrenner. Meßpipette mit Unterteilung 0,1 ml. Glaswolle. Filtrierpapier. 35 ml gequollenes (24 Stunden in Wasser) Sephadex G-25. Lösung von 0,3 g Ninhydrin in 100 ml Isopropanol. Lösung von 9 g Silbernitrat in 100 ml Wasser. Frisch bereitete Lösung von 0,05 g blauem Dextran 2000, 0,1 g Ovalbumin und 0,05 g Natriumchlorid in 5 ml Wasser (filtriert).

Aufgabe: An Sephadex G-25 sollen Ovalbumin und Natriumchlorid getrennt werden. Die K_{av}-Werte sollen ermittelt werden.

Ausführung: Das Sephadex-Gel wird ähnlich wie die Cellulose in Aufg. 7.1 luftblasenfrei in das Chromatographierohr gebracht und oben mit einem Filtrierpapierblättchen bedeckt. Falls es durch den Glaswollebausch läuft, muß auf diesen gereinigter Seesand oder Quarzsand (1 cm hoch) gegeben werden. Das Füllen hat sehr sorgfältig zu geschehen, da kleine Unregelmäßigkeiten der Säulenpackung die Trennung stark verschlechtern können. Nachdem das überstehende Wasser gerade eingesickert ist, werden 1,2 ml der Ovalbuminlösung aufgegeben. Die Abtropfgeschwindigkeit soll weniger als 5 Tropfen/Minute betragen (notfalls ist sie mit einem dünnen Schlauch und Quetschhahn einzustellen). Als mobile Phase dient Wasser. Man gibt wie üblich 2 x 1 ml auf, läßt eben einsickern und füllt dann die Säule bis fast oben hin. Um sich das Nachfüllen zu ersparen, setzt man auf die Säule einen durchbohrten Gummistopfen, führt ein Glasrohr in die Durchbohrung ein und verbindet dieses mit Hilfe eines Gummischlauchs so mit einem höher angebrachten, mit Wasser gefüllten Vorratsgefäß, daß das Wasser laufend nachfließt. Vom Ablauf werden Fraktionen mit je 1 ml aufgefangen. Der Inhalt der Reagensgläser wird geteilt: eine Probe wird mit 0,1 ml Silbernitratlösung, die andere mit 0,1 ml Ninhydrinlösung versetzt. Die letztere wird aufgekocht und nach dem Erkalten betrachtet. Ovalbumin gibt sich durch eine schwache

Trübung mit Silbernitrat zu erkennen, welche aber weder ausflockt noch dunkel wird. Es färbt sich mit Ninhydrin nach dem Erkalten violett. Natriumchlorid gibt sich durch eine starke Trübung mit Silbernitrat zu erkennen, welche ausflockt und nach einiger Zeit dunkel wird. Die K_{av}-Werte werden nach der Formel

$$K_{av} = \frac{V_e - V_o}{V_t - V_o}$$

berechnet, wobei

V_e = das mittlere Elutionsvolumen bis zum Auftreten eines Stoffes,

V_o = das Elutionsvolumen des blauen Dextrans und

V_t = das Volumen der Säulenpackung (35 ml) bedeutet.

Ergebnis: Die Substanzen werden in der Reihenfolge: blaues Dextran, Ovalbumin, Natriumchlorid eluiert. Bei einem Versuch betrugen die K_{av}-Werte für Ovalbumin 0,24, für Natriumchlorid 0,7.

Bemerkungen: Die Gel-Chromatographie kann nicht nur zur Entsalzung dienen, sondern vor allem auch zur Trennung verschiedener, insbesondere hochmolekularer Substanzen nach dem Molekulargewicht. Auf lebensmitteltechnischem Gebiet findet sie Anwendung bei der Trennung von braunen Farbstoffen des Karamels, des Bohnenkaffees und der Melasse. Auch Polyphosphate, Maltooligosaccharide, Schädlingsbekämpfungsmittel und Farbstoffe können getrennt werden, wie auch polymere von monomeren Triglyceriden. Für die Trennung verschiedener Proteine voneinander werden schwächer vernetzte Sephadextypen verwendet. Es empfiehlt sich dann die Sichtbarmachung im Ablauf durch ein UV-Durchfluß-Photometer. In der amtlichen Lebensmittelüberwachung hat sich die Gel-Chromatographie, wohl infolge ihres hohen Zeitbedarfs, noch nicht eingebürgert.

Die automatische Zuführung der mobilen Phase (notwendig beim Arbeiten über Nacht) kann natürlich bei jeder Art der Säulenchromatographie angewandt werden. Auf besonders einfache Weise erreicht man dies z. B. bei dickeren Säulen durch einen mit mobiler Phase gefüllten, umgekehrt aufgesetzten Meßkolben. Es ist aber darauf zu achten, daß beim Nachlaufen des Wassers die obere

Schicht der mobilen Phase nicht aufgewirbelt wird. Speziell bei der Gel-Chromatographie verwendet man auch gerne Präzisions-pumpen zur Zuführung der mobilen Phase.

8.2. Molekulargewichtsbestimmung

Analog wie bei a) wird eine frisch bereitete Lösung von Ovalbumin und blauem Dextran (NaCl kann fehlen) an Sephadex G-75 chromatographiert. Aus den erhaltenen Werten wird mit Hilfe der Gleichung $\lg M = 5{,}624 - 0{,}752 \left(\dfrac{V_e}{V_0} \right)$ das ungefähre Molekulargewicht berechnet (vgl. *Determann* 1967). Es sollte ein Molekulargewicht in der Nähe von 45 000 gefunden werden.

Bemerkung: Die angegebene Gleichung gilt nur für eine bestimmte Sephadex-Sorte und für globuläre Proteine, keinesfalls z. B. auch für Polysaccharide. Hierfür müßten die Beziehungen erst gefunden werden, doch müßte sich prinzipiell bei jeder Substanz das ungefähre Molekulargewicht ermitteln lassen, falls keine Adsorption am Dextran eintritt (wie z. B. bei Phenolen).

Literatur

Acker, L., H. Greve, H. O. Beutler, Dtsch. Lebensmitt.Rdsch. **59**, 231 (1963)

Acker, L., H. J. Schmitz, Stärke **19**, 275 (1967)

AOAC "Official Methods of Analysis of the Association of Official Analytical Chemists" Washington DC 1970, Assoc. of Official Analyt. Chem.

Baltes, W., Dtsch. Lebensmitt.Rdsch. **65**, 377 (1969)

Baltes, W., Z. Lebensmitt.-Untersuch.-Forsch. **144**, 305 (1970)

Baltes, W., M. Klasmann, Chem. Mikrobiol. Technol. Lebensm. **1**, 195, (1972)

Baltes, W., H. Petersen, Ch. Degner, Z. Lebensmitt.-Untersuch.-Forsch. **152**, 145 (1973)

Berner, G., J. Chromatog. **64**, 388 (1972)

Brockmann, H., F. Volpers, Chem. Ber. **80**, 77 (1947)

Brünink, H., E. J. Wessels, Analyst **97**, 258 (1972)

Bush, L. P., J. Chromatog. **73**, 243 (1972)

Chapman, L. R., J. Chromatog. **66**, 303 (1972)

Christie, A. A., A. C. Dean, B. A. Millburn, Analyst **98**, 161 (1973)

Coles, Z. A., R. P. Upton, J. Assoc. Offic. Analyt. Chemists **55**, 1004 (1972)

Cramer, F., Papierchromatographie (Weinheim 1962)

Determann, H., Gelchromatographie (Berlin—Göttingen—Heidelberg 1967)

Drapron, R., A. Guilbot, Stärke **14**, 449 (1962)

Ebel, S., Dtsch. Apotheker-Ztg. **113**, 791 (1973)

Eckert, W. R., Fette, Seifen, Anstrichmittel **75**, 150 (1973)

Fincke, A., Fette, Seifen, Anstrichmittel **73**, 534 (1971)

Franck, R., C. Junge, Weinanalytik (Köln 1971)

Frank, K. H., W. Eyrich, Z. Lebensmitt.-Untersuch.-Forsch. **138**, 1 (1968)

Fresenius, R. E., Salih, A., Mitt.-Bl. GDCh. Fachgr. Lebensmittelchem. **26**, 171 (1972)

Groebel, W., Dtsch. Lebensmitt.-Rdschr. **68**, 393 (1972)

Hadorn, H., K. Zürcher, Mitt. Gebiete Lebensm.-Hyg. **58**, 248 (1967)

Herz, H., Z. Lebensmittl.-Untersuch.-Forsch. **148**, 1 (1972)

Hezel, U., Angew. Chem. **85**, 317 (1973)

Kaiser, R. E., Anal. Chem. **45**, 965 (1973 a)

Kaufmann, H. P., J. Budwig, Fette, Seifen, Anstrichmittel **53**, 390 (1951)

Kaufmann, H. P., W. H. Nitsch, Fette, Seifen, Anstrichmittel **57**, 473 (1955)

Kiermeier, F., E. Lechner, Milch und Milcherzeugnisse, S. 322 (Berlin 1973)

Langner, H. J., Angew. Chem. **77**, 95 (1965)

Langner, H. J., U. Teufel, Fleischwirtschaft **52**, 1610 (1972)

117

Lehmann, G., H. G. Hahn, P. Collet, B. Seiffert-Eistert, M. Morán,
Z. Lebensmitt.-Untersuch.-Forsch. **143**, 256 (1970)
Lehmann, G., Gordian **71**, 217 (1971)
Lindberg, W., Z. Lebensmitt.-Untersuch.-Forsch. **103**, 1 (1956)
Martienssen, E., H. Seidel, Mitt.-Bl. GDCh, Fachgr. Lebensmittelchem.
23, 91 (1969)
Merck, E., Anfärbereagenzien für die Dünnschicht- und Papierchromato-
graphie (E. Merck, Darmstadt 1970)
Meyer, H., Mitt.-Bl. GDCh, Fachgr. Lebensmittelchem. **23**, 111 (1969)
Moon, C. K., Über die Extraktion von Lipiden, Dissertation
(Münster 1973)
Müller, B., G. Göke, Mitt.-Bl. GDCh, Fachgr. Lebensmittelchem. **27**,
165 (1973)
Müller, B., Nahrung **17**, 381, 387 (1973)
Müller, B., J. Ludwig, Mitt.-Bl. GDCh, Fachgr. Lebensmittelchem. **26**,
3 (1972)
Olschimke, D., Mitt.-Bl. GDCh, Fachgr. Lebensmittelchem. **27**, 286 (1973)
Randerath, K., Dünnschicht-Chromatographie (Weinheim 1965)
Rauscher, K., R. Engst, U. Freimuth, Untersuchung von Lebensmitteln
(Leipzig 1972)
Rhoades. J. W., Food Res. **23**, 254—261 (1958)
Ruske, W., Einführung in die organische Chemie (Weinheim 1968)
Sperlich, H., Mitt.-Bl. GDCh, Fachgr. Lebensmittelchem. **16**, 200 (1962)
Stahl, E., Dünnschichtchromatographie (Berlin—Göttingen—Heidelberg—
New York 1967)
Stahl, E., Chromatographische und mikroskopische Analyse von Drogen.
(Stuttgart 1970)
Stalling, D. L., J. N. Huckins, J. Assoc. Office. Analyt. Chemists
56, 367 (1973)
Stamford, I. F., W. G. Unger, J. Physiol. (London) **225**, 4 P (1972)
Tauchmann, F., L. Toth, Fleischwirtschaft **52**, 232 (1972)
Thaler, H., F. Sommer, Z. Lebensmitt.-Untersuch.-Forsch. **97**, 345, 441
(1953)
Thielemann, H., Mikrochim. Acta **1972**, 672
Tjan, G. H., L. J. Burgers, J. Assoc. Offic. Analyt. Chemists **56**, 223
(1973)
Wagner, H., Fette, Seifen, Anstrichmittel **63**, 1119 (1961)
Waldschmidt, M., Arch. Lebensmittelhyg. **23**, 76 (1972)
Wildfeuer, I., L. Acker, A. Mehner, W. Rauch, Z. Lebensmitt.-Untersuch.-
Forsch. **136**, 129, 203 (1968)
Wohlleben, G., CZ Chemie-Technik **1**, 81 (1972)
Wunderlich, H., J. Assoc. Offic. Analyt. Chemists **55**, 557 (1972)
Wurziger, J., U. Harms, Fette, Seifen, Anstrichmittel **75**, 121 (1973)
Yeransian, J. A., K. G. Sloman, A. K. Foltz, Analytic. Chem. **45**, (5),
77 R (1973)

Sachverzeichnis

UTB

Uni-Taschenbücher GmbH
Stuttgart

Band 194: **Vektoralgebra**
Von Prof. Dr. *Otto Rang*, Mannheim/Darmstadt
X, 106 Seiten, 94 Abb., 66 Aufgaben und Lösungen. DM 13,80 (Steinkopff)

Band 197: **Taschenbuch für Umweltschutz**
Band 1: Chemische und technologische Informationen
Von Doz. Dr. *Walter L. H. Moll*, Walsrode
VIII, 237 Seiten, 8 Abb., 47 Tab. DM 19,80 (Steinkopff)

Band 231: **Chemisches Grundpraktikum**
für chemisch-technische Assistenten, Chemielaborjungwerker, Chemie-
laboranten und Chemotechniker
Von Chem.-Ing. (grad.) *V. Hölig*, Bickenbach, und *G. Otterstätter*,
Eschwege
XI, 95 Seiten, 10 Abb. DM 12,80 (Steinkopff)

Band 283: **Kurspraktikum der allgemeinen und anorganischen Chemie**
Von Prof. Dr. *A. Schneider*, Hagnau, und Dr. *J. Kutscher*, Clausthal
XVI, 215 Seiten, 32 Abb., 14 Tab., 1 Tafel. DM 19,80 (Steinkopff)

Band 338: **Globale Umweltprobleme**
Vorlesungen für Hörer aller Fakultäten
Von Prof. Dr. Dres. h. c. *Wilhelm Jost*, Göttingen
VIII, 125 Seiten, 23 Abb., 14 Tab. DM 17,80 (Steinkopff)

Band 341: **Wasser, Mineralstoffe, Spurenelemente**
Eine Einführung für Studierende der Medizin, Biologie, Chemie,
Pharmazie und Ernährungswissenschaft
Von Prof. Dr. Dr. *Konrad Lang*, Bad Krozingen
VIII, 136 Seiten, 11 Abb., 14 Tab. DM 14,80 (Steinkopff)

Band 342: **Lebensmittelanalytik**
Band 1: Optische Methoden
Von Prof. Dr. *Hans Gerhard Maier*, Braunschweig
2. Auflage. VIII, 71 Seiten, 28 Abb., 1 Tab. DM 9,80 (Steinkopff)

Steinkopff Studientexte

Dr. Dietrich Steinkopff Verlag
Darmstadt

W. Heimann
Grundzüge der Lebensmittelchemie
2. Auflage. XXVII, 620 Seiten, 23 Abb., 43 Tab. DM 45,60

W. Jost / J. Troe
Kurzes Lehrbuch der physikalischen Chemie
18. Auflage. XIX, 493 Seiten, 139 Abb., 73 Tab. DM 38,–

K. Lang
Biochemie der Ernährung
Studienausgabe
3. Auflage. XVI, 676 Seiten, 95 Abb., 302 Tab. DM 126,–

G. Müller
Grundlagen der Lebensmittelmikrobiologie
215 Seiten, 60 Abb., 24 Tab. DM 24,–

G. Müller
Mikrobiologie pflanzlicher Lebensmittel
Etwa 304 Seiten, einige Abb. und Tab. Etwa DM 35,–

P. Nylén / N. Wigren
Einführung in die Stöchiometrie
16. Auflage. XI, 289 Seiten. DM 32,–

H. Sajonski / A. Smollich
Zelle und Gewebe
Eine Einführung für Mediziner und Naturwissenschaftler
2. Auflage. VIII, 274 Seiten, 169 Abb. DM 36,–

K. Winterfeld
Organisch-chemische Arzneimittelanalyse
XII, 308 Seiten, 26 Tab. DM 24,–